Peter Mohr

30 Minuten

Präsentieren

Bibliografische Information der Deutschen Bibliothek

Die Deutsche Bibliothek verzeichnet diese Publikation in der Deutschen Nationalbibliografie; detaillierte bibliografische Daten sind im Internet über http://dnb.ddb.de abrufbar.

Umschlag und Layout:
die imprimatur, Hainburg; Martin Zech Design, Bremen
Lektorat: Friederike Mannsperger, GABAL Verlag GmbH
Satz: Zerosoft, Timisoara (Rumänien)
Druck und Verarbeitung: Salzland Druck, Staßfurt

© 2011 GABAL Verlag GmbH, Offenbach
2. Auflage 2012

Hinweis:
Das Buch ist sorgfältig erarbeitet worden. Dennoch erfolgen alle Angaben ohne Gewähr. Weder Autor noch Verlag können für eventuelle Nachteile oder Schäden, die aus den im Buch gemachten Hinweisen resultieren, eine Haftung übernehmen.

Printed in Germany

978-3-86936-261-8

In 30 Minuten wissen Sie mehr!

Dieses Buch ist so konzipiert, dass Sie in kurzer Zeit prägnante und fundierte Informationen aufnehmen können. Mithilfe eines Leitsystems werden Sie durch das Buch geführt. Es erlaubt Ihnen, innerhalb Ihres persönlichen Zeitkontingents (von 10 bis 30 Minuten) das Wesentliche zu erfassen.

Kurze Lesezeit

In 30 Minuten können Sie das ganze Buch lesen. Wenn Sie weniger Zeit haben, lesen Sie gezielt nur die Stellen, die für Sie wichtige Informationen beinhalten.

- Alle wichtigen Informationen sind blau gedruckt.

- Schlüsselfragen mit Seitenverweisen zu Beginn eines jeden Kapitels erlauben eine schnelle Orientierung: Sie blättern direkt auf die Seite, die Ihre Wissenslücke schließt.

- *Zahlreiche Zusammenfassungen innerhalb der Kapitel erlauben das schnelle Querlesen.*

- Ein Fast Reader am Ende des Buches fasst alle wichtigen Aspekte zusammen.

- Ein Register erleichtert das Nachschlagen.

Inhalt

Vorwort

Gute Ideen, Konzepte und Produkte haben viele. Aber nur wenige verstehen es, mit diesen auch überzeugen zu können.

Unternehmen investieren tagtäglich viel Zeit und Geld in die Entwicklung von Konzepten und Produkten. Und einzelne Menschen investieren ebenfalls viel Zeit und Geld in den Ausbau ihrer fachlichen Kompetenzen, die meist in den Bereichen Technik, Naturwissenschaft, Wirtschaft, Recht oder Informationstechnologie liegen.

Das ist gut – aber es reicht leider nicht aus. Denn irgendwann kommt der Zeitpunkt, an dem man sich und seine Konzepte auch mal vor einer Gruppe präsentieren muss. Dann gilt es, die jahrelangen Investitionen in die persönliche Kompetenz und in die Entwicklung von Konzepten auf einen Prüfstein zu legen. Und dieser Prüfstein heißt: Präsentation.

In einer Präsentation muss man sich und seine Konzepte in kurzer Zeit treffsicher auf den Punkt bringen. Wenn die Präsentation nicht perfekt ist, dann fallen mit ihr auch die fachlichen Kompetenzen des Präsentators und die Qualität seiner Konzepte durch. Eine Präsentation stellt daher immer eine entscheidende Schaltstelle für den Erfolg des Präsentators und seiner Konzepte dar. Denn die Präsentation rückt innerhalb kurzer Zeit die jahrelangen Investitionen in ein positives oder in ein negatives Licht. Aus diesem Grund ist es höchste Zeit für folgende Strategie:

Lassen Sie Ihre Präsentationen (endlich) genauso gut werden, wie Sie und Ihre Konzepte es schon sind.

Hier setzt dieses Buch an: Es entwickelt Ihre Präsentationskompetenz und wird Ihnen dabei helfen, die für das Präsentieren notwendigen Kompetenzen zu entwickeln, zu verfeinern und zu optimieren.
Ich arbeite seit 1995 als Trainer und Coach und bin auf die Thematik »Erfolgreich präsentieren« spezialisiert.
Auf Grundlage der Erfahrung aus mehr als 1000 Präsentationen und Präsentationstrainings habe ich die wichtigsten Tipps in diesem Buch zusammengefasst.
Dieses Buch ist als Praxisratgeber und als Einstieg in die Thematik gedacht. In den Literaturhinweisen finden Sie vertiefende und weiterführende Literatur, welche die Inhalte dieses Buches ausführlich behandeln.

Wenn Sie Fragen oder Anregungen zu dem Thema »Präsentation« haben, können Sie sich jederzeit an mich wenden.

Peter Mohr
www.instatik.de

30 MINUTEN

Ist Ihnen bewusst, mit welcher Einstellung Sie motiviert an das Präsentieren herangehen können?
Seite 10

Kennen Sie Methoden, mit denen Sie Lampenfieber überwinden können?

Seite 14

Wissen Sie, wie Sie vor Publikum mit Ihrer Körpersprache überzeugend wirken?

Seite 29

1. Treten Sie ins Rampenlicht – Ihr Auftritt vor Publikum

Die Basis jeder Präsentation ist der Auftritt des Präsentators vor Publikum. Der Präsentator muss im Rampenlicht vor seinem Publikum mit seiner Person wirken. Dabei ist wichtig, dass er sich für diese Herausforderung mit einer positiven Grundeinstellung motiviert. Zudem muss der Präsentator potenzielles Lampenfieber überwinden. Sind diese ersten Barrieren überwunden, geht es darum, mit der verbalen Sprache und der nonverbalen Körpersprache überzeugend auf die Zuhörer zu wirken.

1.1 Sich selbst motivieren – die richtige Einstellung zum Präsentieren

Wir alle haben im Rahmen der beruflichen Ausbildung systematisch und umfangreich in unser fachliches Wissen – die sogenannten Hard Skills – investiert. Wir haben uns allerdings meist deutlich weniger mit der Fragestellung beschäftigt, wie wir diese Hard Skills bei Präsentationen ins Rampenlicht rücken. Aber gerade Präsentationen sind für Sie und Ihre zu präsentierenden Konzepte ganz wichtige Schaltstellen, bei denen Sie in einer komprimierten Zeitspanne in den Köpfen Ihrer Zuhörer viele kleine Hebel in die richtige Richtung umlegen können – oder eben nicht. Und diese Hebel entscheiden letztendlich darüber, ob Ihre Ideen akzeptiert werden, Sie einen Kunden gewinnen, weiter Karriere machen können – oder eben nicht. Zudem kommt die Herausforderung des Präsentierens in Ihrer beruflichen Laufbahn immer häufiger und brisanter auf Sie zu, je höher Sie die Karriereleiter erklimmen. Dann hängt Ihr Weiterkommen in wesentlichem Maße von Ihrer Kompetenz als Präsentator ab. Das Präsentieren wird auf höheren Ebenen immer häufiger von Ihnen erwartet. Es ist auf diesen Ebenen also zunehmend wichtiger, wirklich gut präsentieren zu können. Denn wer was zu sagen hat, sollte gut reden können – auch vor Publikum.

Mit einer gelungenen Präsentation können Sie viel einfacher und schneller einen guten Eindruck vermitteln als mit monatelanger guter Arbeit. So lange wie bei einer Präsentation hören Ihnen Ihre Vorgesetzten und Kollegen selten ununterbrochen zu. Außerdem erwarten immer mehr Geschäftspartner und Kunden, dass Sie Ihre Konzepte und Produkte in Präsentationen darstellen. Wo früher Gespräche mit einzelnen Personen ausreichten, werden heute Präsentationen vor ganzen Entscheidergruppen notwendig.

Überlassen Sie das Gelingen Ihrer Präsentationen nicht dem Zufall. Lassen Sie Ihre Präsentationen (endlich) genauso gut werden, wie es Ihre Konzepte und Produkte schon sind.

Die Rolle der Prominenz annehmen

Beim Präsentieren bekommt der Präsentator eine besondere Rolle zugeschrieben: die Rolle der Prominenz. Das Wort Prominenz kommt vom Lateinischen »pro-minere« und heißt so viel wie »vorspringen« oder »herausragen«. Und genauso wie ein prominenter Star durch seine Bekanntheit aus der Gesellschaft herausragt, so ragt auch der Präsentator aus den im Raum anwesenden Personen heraus. Denn der Präsentator ist der Einzige unter den Anwesenden, der steht – alle anderen sitzen. Er ist auch der Einzige, der laut spricht und der von allen anderen gleichzeitig angeschaut wird. Also schon rein körperlich ist der Präsentator immer eine herausragende und somit prominente Person im Raum.

Prominentsein ist für uns nicht alltäglich und daher ungewohnt – und manchmal sogar beängstigend. Diese Prominenz muss Ihnen aber keine Angst machen. Freuen Sie sich lieber darauf. Denn Sie haben sich ja auf Ihren Auftritt vorbereitet und haben Ihren Zuhörern auch etwas Wichtiges zu sagen. Auch die Zuhörer freuen sich auf Sie – denn diese wollen Sie erleben und Ihre Gedanken kennenlernen.

Wie oft sitzen wir im Leben als eine Art Zuschauer in der »zweiten Reihe«. Bei Ihrer Präsentation stehen Sie nun auch mal in der »ersten Reihe«. Nehmen Sie diese Bühne als Herausforderung an. Nehmen Sie an, dass Ihre Zuschauer Ihnen Zeit und Raum für Ihre Gedanken zugestehen. Nehmen Sie auch das zeitliche, räumliche und akustische Volumen ein, welches Ihnen als prominentem Präsentator vom Publikum eingeräumt wird.

Kongruent reden und präsentieren

Wenn man als Präsentator vor Publikum steht, will man natürlich so gut wie möglich wirken. Um das zu erreichen, könnte man dazu ganz einfach alle DOs und DON'Ts zum Thema »Erfolgreich präsentieren« umsetzen. Diese finden Sie ja auch in diesem Buch. Wenn man sich an dieser virtuellen Checkliste orientiert, hat man einerseits eine hohe Chance, sehr gut auf sein Publikum zu wirken – dann hat man eine hohe Performanz. Andererseits ist es aber auch wichtig, dass Sie diese DOs und DON'Ts nicht auf Gedeih und Verderb ausführen – denn einige davon passen vielleicht gar nicht zu Ihrer eigenen Wesensart. Und dann würden Sie sich damit in einem gewissen Sinne selbst Gewalt antun.

Wenn es Ihnen beispielsweise extrem schwerfällt, Gestik einzusetzen, dann sollten Sie sich auch nicht mehr als nötig dazu zwingen. Wichtig ist, dass Sie letztendlich deckungsgleich – also kongruent – mit sich selbst bleiben und dabei echt und authentisch vor Ihrem Publikum stehen. Wichtig für den Präsentator ist es immer, sein Gleichgewicht zwischen den beiden Extrempolen – absolute Performanz versus absolute Kongruenz – zu finden. Denn weder das eine noch das andere wäre sinnvoll. Der Präsentator sollte zwar immer so vorteilhaft wie möglich auftreten. Aber er sollte sein Verhalten immer nur so weit in Richtung Performanz verändern, wie er sich dabei immer noch wohl, echt, authentisch und damit kongruent fühlt. Und wo diese Grenze erreicht ist, muss jeder Präsentator selbst herausfinden.

30 *Es lohnt sich, das Erfolgsregister »Erfolgreich präsentieren« zu ziehen. Nehmen Sie die Prominenz vor Publikum an – aber bleiben Sie dabei dennoch authentisch und kongruent.*

1.2 Die nötige Ruhe entwickeln – der gelassene Umgang mit Lampenfieber

Lampenfieber resultiert aus einem psychobiologischen Programm, das dem Menschen in bedrohlichen und gefährlichen Situationen das Überleben sichern soll – beispielsweise wenn ein hungriger Tiger vor ihm steht. Wenn der Mensch eine solche Bedrohung wahrnimmt, werden Stresshormone in erhöhter Konzentration ins Blut ausgeschüttet. Dadurch kommt der Körper in einen physiologischen Zustand, bei dem er durch Kampf oder Flucht der Bedrohung entgehen kann.

Lampenfieber als normalen Prozess erkennen

Auch beim Lampenfieber nimmt der Präsentator eine potenzielle Bedrohung wahr, da er ja prinzipiell scheitern könnte. Und er zeigt dann jene Symptome, die für den Kampf-oder-Flucht-Zustand typisch sind.

Sein Puls, sein Blutdruck und seine Muskelanspannung steigen. Seine komplexe Denkfähigkeit wird als Ausgleich auf Eis gelegt. All das ist ursprünglich für Kampf- und Flucht-Situationen sinnvoll. Beim Präsentator produziert dies über den aufgepeitschten Kreislauf aber Hitzegefühle, Schwitzen, Hautrötung und Herzrasen. Über die angespannte Muskulatur auch noch Zittern, piepsige Stimme und flaches Atmen. Und die reduzierte komplexe Denkfähigkeit kann bis zum Blackout führen.

Einerseits ist Lampenfieber also ein verständlicher und ganz natürlicher Prozess, den man auch auf eine gewisse Redeanspannung reduzieren kann – wie wir später sehen werden. Andererseits tut diese gewisse Redeanspannung – die man nie ganz wegbekommen wird – sogar ganz gut. Denn sie sorgt dafür, dass wir sehr aufmerksam bleiben. Außerdem lässt sie uns menschlich erscheinen.

Lampenfieber langfristig vermeiden

Lampenfieber kann man langfristig reduzieren, indem man dem Präsentieren dessen Bedrohlichkeit nimmt. Dies kann man mit folgenden Methoden erreichen:

Stellen Sie sich vorausschauend und mit Vorfreude Ihren langfristigen Präsentationserfolg vor: also wie Sie Ihr Publikum überzeugt haben werden. Denken

Sie dabei ganz bewusst nicht daran, ob und was schiefgehen könnte.

Ersetzen Sie negative Selbstgespräche durch positive Programmierung, indem Sie sich auch das Gelingen des eigentlichen Auftritts selbst positiv vorstellen und sich dies auch immer wieder mit einer Art verbaler Beschwörungsformel laut vorsagen.

Machen Sie sich zu Ihrem Präsentationsthema schon langfristig fachlich fit. Sie sollten mindestens ein doppelt so umgangreiches Know-how zu dem Thema haben, als Sie in der Präsentation darstellen.

Sammeln Sie Know-how und Erfahrung zum Thema »Präsentieren« mithilfe von Büchern, Seminarbesuchen und häufigem Sprechen vor Publikum. Denn mit dem dabei aufgebauten Erfahrungsschatz kann bei zukünftigen Präsentationen kaum noch was schiefgehen.

Übersetzen Sie Ihr fachliches Know-how in ein Präsentations-Szenario, mit dem Sie die Präsentation geistig durchgehen. Das ist dann, wie beim Ski-Langlauf, eine »Präsentations-Loipe«, die Sie vorab und ohne Publikum für sich alleine mehrfach (mindestens 5 Mal) »abfahren«. Dann können Sie bei der realen Präsentation kaum noch »aus der Spur springen«. Diese Sicherheit senkt dann enorm das Lampenfieber.

Überlegen Sie sich für den Notfall ein Pannen-Szenario – beispielsweise für den Fall, dass die Technik ausfällt. Es kann sehr beruhigen, wenn Sie alle Eventualitäten bedacht haben.

Lampenfieber vor dem Lampenfieber ist unnötig. Verlassen Sie sich darauf, dass kaum ein Zuhörer dem Präsentator dessen Lampenfieber anmerkt. Dadurch vermeiden Sie, auch noch Angst vor der Angst zu bekommen.

Lampenfieber kurzfristig reduzieren

Wenn Sie Lampenfieber langfristig nicht ausreichend reduzieren konnten, dann greifen Sie bei der Präsentation am besten auf folgende Methoden zurück:

Erkunden Sie vor Ihrem Auftritt die Räumlichkeiten. Dadurch können Sie schon »Raum einnehmen« und ihn zu »Ihrem« Revier werden lassen. Seien Sie deshalb – falls möglich – auch immer schon deutlich vor den Zuschauern vor Ort.

Machen Sie vor Ihrem Auftritt Small Talk mit dem Publikum. Dadurch werden Sie nämlich spüren, dass Ihnen das Publikum meist wesentlich wohlgesonnener ist, als Sie vorab dachten. Dies zu wissen tut gut und reduziert die scheinbare Bedrohlichkeit Ihres Auftritts. Dadurch sinkt auch Ihr Lampenfieber.

Postieren Sie wenn möglich auch einige Sympathisanten im Publikum, etwa Freunde oder Kollegen. Diese sind Ihnen besonders wohlgesonnen, geben Ihnen Ruhe und symbolischen Beistand. Es hilft gerade in den ersten Redeminuten, diese immer wieder anzuschauen.

Wenn Sie keine Sympathisanten im Publikum haben, können Sie einfach auf jene Personen zurückgreifen, die Sie beim Small Talk als Ihnen besonders wohlgesonnen identifiziert haben.

Bei manchen Menschen hilft auch geistige und körperliche Entspannung, um Lampenfieber in den Griff zu bekommen: Yoga, Meditation, Autosuggestion, autogenes Training, Tai-Chi, Atemtechniken oder Muskelentspannungstechniken. Wenn dies bei Ihnen wirkt, dann nutzen Sie es.

Sie können Lampenfieber – symbolisch gesehen – in Gegenstände abfließen lassen. Vor Publikum einen Gegenstand in der Hand zu halten gibt vielen Menschen eine gewisse Ruhe. Nehmen Sie aber einen funktionalen Gegenstand, den Sie sowieso brauchen (Laserpointer, Funkmaus, Stichpunktkarte, Marker).

Von pharmazeutischen Mitteln und auch Alkohol zur Beruhigung rate ich Ihnen ab, da diese immer Nebenwirkungen haben. Pflanzliche Beruhigungsmittel sind eher möglich. Aber Sie müssen vorab testen, wie hoch Ihre persönliche Dosis sein darf.

Vermeiden Sie es, kurz vor Ihrem Auftritt Koffein oder Nikotin zu sich zu nehmen. Denn beide Stoffe verstärken auf biologischer Ebene die Lampenfiebersymptome deutlich.

Einen Lampenfieberfresser einsetzen

Es gibt noch einen ungewöhnlichen, aber sehr wirksamen Mechanismus, der Ihr Lampenfieber regelrecht auffressen kann! Sie können Lampenfieber nämlich durch körperliche Bewegung vehement abbauen. Die das Lampenfieber auslösenden Stresshormone sind ursprünglich für Kampf oder Flucht vorgesehen. Sie werden daher durch Bewegung auch wieder abgebaut. Sie können Ihr Lampenfieber deutlich reduzieren, wenn Sie sich kurz vor Ihrer Präsentation bewegen. Laufen Sie zum Beispiel ein paar Mal die Treppen auf und ab oder machen Sie einen Spaziergang – je nachdem, wie viel Bewegung Sie brauchen. Oder Sie gestikulieren zu Beginn Ihrer Präsentation einfach etwas stärker. Nutzen Sie die Gestik bewusst wie einen Blitzableiter für Ihre Anspannung.

Sie können auch am Redebeginn systematisch Medien wie das Flipchart einsetzen. Dies ermöglicht es Ihnen, sich funktional – also »mit Alibi« – vor Ihren Zuhörern zu bewegen. Wenn Sie beispielsweise zu Beginn Ihrer Präsentation in kurzen Zeitabständen vorbereitete Moderationskarten (beispielsweise die Agenda) mit Magneten an einem Flipchart befestigen, dann haben Sie schon ziemlich viele funktionale Bewegungen vollbracht.

30 *Lampenfieber ist ein völlig normaler biologischer Prozess. Es gibt zahlreiche Methoden, um das Lampenfieber langfristig und auch kurzfristig einfach und deutlich zu reduzieren.*

1.3 Mit der Sprache jonglieren – der gekonnte Umgang mit Worten und Stimme

Die Atmung trägt die Stimme – die Stimme trägt das Wort – das Wort trägt die Gedanken. Atmung und Stimme bilden die Brücke zwischen Körper und Geist des Präsentators. Atmung, Stimme und Rhetorik beeinflussen sich wechselseitig: Die Stimme ist »Klang gewordener Atem« und die Atmung ist die Triebkraft der Stimme.

Tief- statt Flachatmung

Als Präsentator müssen Sie darauf achten, dass Sie mit einer Tiefatmung anstatt mit der unvorteilhaften Flachatmung atmen. Statt dem weitverbreiteten Flachatmen, bei dem nur die Brust- und Schultermuskulatur eingesetzt wird, ist das Tiefatmen ein Zwerchfell-Bauch-Flanken-Brustatmen. Während beim Flachatmen nur ein Fünftel der Lungenkapazität genutzt wird, nutzt man diese Kapazität beim Tiefatmen annähernd voll aus.

Übung

Legen Sie Ihre Handflächen auf Ihre Bauchdecke etwas oberhalb des Bauchnabels – auf das sogenannte »Sonnengeflecht« (Solarplexus) – und spüren Sie, was bei folgenden Schritten passiert.

- Husten Sie zuerst zwei- bis dreimal.
- Atmen Sie danach bewusst nur flach mit der Brustmuskulatur.
- Atmen Sie nun durch die Nase bewusst tief in den Bauch hinein. Denken Sie dabei an Blumenduft und atmen Sie diesen Duft bis zum Anschlag ein.
- Zählen Sie nun sehr laut sprechend bis 20.
- Spüren Sie mit der Hand, wie tief Sie in den Bauch atmen können und wie die Worte von Ihrem Zwerchfell durch kleine Luftschübe losgesandt werden.

Wiederholen Sie diese Übung immer wieder – gerade auch vor Ihrem Auftritt vor Publikum. Denn dadurch werden Sie sich des richtigen Atmens bewusst und trainieren es.

Mit der Stimme Stimmung schaffen

Genauso wie das Atmen ist auch unsere Stimme Träger unserer Gedanken und beeinflusst dadurch die Stimmung der Präsentation.

Als Präsentator sollten Sie in der Indifferenzlage Ihrer Stimme sprechen, also mit dem Stimmklang, welcher der Physiologie Ihrer Sprechwerkzeuge entspricht. In dieser Indifferenzlage sprechen Sie mit dem geringsten Kraftaufwand und Atemluftverbrauch. Die Indifferenzlage befindet sich im unteren Drittel der persönlichen Tonhöhe und ist daher eher tief und entspannt. Beim Publikum kommt solch eine Stimme authentisch, gelassen und vertrauensvoll an. Wenn Sie Ihre Stimme besser kennenlernen und optimieren möchten, ist ein professionelles Stimmtraining sinnvoll. Pflegen Sie Ihre Stimme, indem Sie Ihre Stimmbänder feucht halten – gerade während der Präsentation. Trinken Sie lauwarmes Wasser ohne Kohlensäure. Vermeiden Sie Koffein und Nikotin, da beides die Schleimhäute austrocknet.

Übung
Trainieren Sie Ihre Stimme vor Ihrem Auftritt, indem Sie diese mit folgendem Stimmjogging aufwärmen:
Zum Lockern der Stimmmuskeln kauen Sie ganz einfach ein Kaugummi oder führen Kaubewegungen aus, als wenn Sie etwas im Mund hätten.
Summen Sie vor Ihrem Auftritt mit dem Ton »mm« quer durch die Tonleiter mit verschiedenen Betonungen und Ausdrucksnuancen, zum Beispiel als würden Sie eine Frage stellen, einen Befehl erteilen, etwas Wichtiges erläutern und so weiter.

Dies können Sie auch mit Silben aus Konsonanten und Vokalen. Kombinieren Sie alle Konsonanten b, c, d, f, g, h, j, k, l, m, n, p, q, r, s, t, v, w, x, y, z wie in einer Kreuz-Tabelle mit allen denkbaren vokalen Lauten:
a, e, i, o, u, ä, ö, ü, au, ei, eu.
Legen Sie dabei ganz verschiedene Stimmungen in die einzelnen Silben. Es ist verblüffend, was man mit sinnlosen Silben wie zum Beispiel BA–BE-BI-BO-BU-BÄ-BÖ-BÜ-BAU-BEI-BEU alles ausdrücken kann.

Wiederholen Sie diese Übungen immer wieder – gerade auch vor Ihrem Auftritt vor Publikum.

Einfach und lebendig sprechen

Benutzen Sie für das Publikum unbekannte Fremdwörter, Fachbegriffe und Abkürzungen nur dann, wenn diese wichtig sind. Erläutern Sie diese sofort.

Verwenden Sie kurze und einfache Sätze ohne Verschachtelungen. Ein Satz sollte nicht mehr als 25 Wörter haben. Lieber mal virtuell einen Punkt statt eines Kommas setzen.

Vermeiden Sie die typisch deutsche Substantivitis, bei der zu viele Hauptwörter (Substantive) verwendet werden. Sie vermeiden diese »Hauptwort-Krankheit«, indem Sie viele Eigenschaftswörter (Adjektive) und Tätigkeitswörter (Verben) verwenden. Verben und Adjektive sind das Blut der Sprache und machen Ihre Sprache lebendig und flüssig.

Ihre Sprache klingt flüssig, wenn die durchschnittliche Silbenzahl pro Wort unter 1,5 liegt. Die deutsche Beamtensprache hat ca. 2,5 Silben pro Wort.

Wirkungsvolle Synonyme verwenden

Verschiedene Synonyme für den gleichen Sachverhalt rufen beim Zuhörer auch verschiedene Assoziationen hervor. Nutzen Sie dies bewusst und gezielt:

- *Produktinformation* wirkt weniger aufdringlich als *Werbung*.
- *Arbeitssuchend* wirkt dynamischer als *arbeitslos.*
- *Preisanpassung* hört sich notwendiger an als *Preiserhöhung*.
- *Herausforderung* wirkt positiver als *Problem*.
- *Investition* hört sich sinnvoller an als *Preis*.

Weichmacher vermeiden

Verwässern Sie Ihre Aussagen nicht durch Weichmacher – also jene Formulierungen, die den eigentlichen Inhalt einer Aussage relativieren und infrage stellen. Die häufigsten Weichmacher sind:

eventuell – eigentlich – quasi – sozusagen – gewissermaßen – an für sich – praktisch – halt – ziemlich – sag ich mal – ich sag mal so.

Auch alle Konjunktive wie beispielsweise *würde*

oder *könnte* wirken als Weichmacher. Das mit den Weichmachern ist halt sozusagen eigentlich eine quasi ziemlich nachteilige Sache, sag ich mal so. ☺

Bildhaft sprechen

Visuelle Bilder sind eingängiger und überzeugender als Worte. Konstruieren Sie akustische Bilder.

Der Termin ist kurzfristig ausgefallen.

Ersetzen Sie diesen Satz durch folgende Aussage, die Zuhörer mit den Ohren sehen lässt:

Der Termin ist geplatzt wie eine Seifenblase.

Bauen Sie Bilder in Ihre Präsentation ein, denn dann können sich Ihre Worte in den Gehirnwindungen Ihrer Zuhörer viel besser verankern.

Laut und deutlich sprechen

Sprechen Sie vor Publikum ausreichend laut und deutlich. Die Lautstärke dient aber nicht nur der reinen Verständlichkeit. Denn mit einer ausreichenden Lautstärke nehmen Sie auch das Volumen – hier das akustische Volumen – ein, das von Ihnen in Ihrer prominenten Rolle als Präsentator erwartet wird. Die Deutlichkeit ist gerade bei großem Publikum und bei Nebengeräuschen besonders notwendig. Sie symbolisiert auch Ihr klares Sendungsbewusstsein.

> **Tipp:** Sprechen Sie so laut und (über-)deutlich, dass Sie beides als fast schon zu viel empfinden – dann passt es meistens genau.

Solange Ihr Dialekt verständlich ist, können und sollten Sie auch mit diesem präsentieren. Denn Ihr Publikum würde spüren, wenn Sie sich ungewohnterweise beim Präsentieren mit reinstem Hochdeutsch abmühen. Sie wirken mit einem verständlichen Dialekt auch lockerer, persönlicher und authentischer.

Langsam und mit Pausen sprechen

Nehmen Sie sich die nötige Zeit, damit Ihre Botschaft beim Publikum wirken kann. Die maximale Sprechgeschwindigkeit liegt bei ca. 100 Wörtern pro Minute. Wenn Sie langsam sprechen, sind Sie akustisch und inhaltlich besser zu verstehen.

Ein pausenloses Sprechen lässt die Präsentation zu einem unstrukturierten Schlauch werden. Dagegen heben bewusst gesetzte Wirkpausen die zuvor oder danach gesagten Sequenzen hervor, schaffen Spannung und strukturieren die gesamte Botschaft.

Eine besondere Art der Pausenlosigkeit ist es, wenn die Pausen im Redefluss mit Lückenfüllern wie Ähs

oder Ähms gefüllt werden. Eine deutliche Pausensetzung reduziert daher auch diese Lückenfüller.

Sich Zeit lassen durch langsame Sprache und durch
gezielte Pausensetzung lässt Sie als Präsentator pro-
minent wirken, da Sie sich dadurch ein zeitliches
Volumen gönnen – insbesondere wenn Sie auch mal
überraschend lange Wirkpausen setzen.

Ein langsames und pausendurchwirktes Sprechen
gibt Ihnen als Präsentator auch die Zeit, um Ihre Gedanken sprechdenkend zu entwickeln und ausreichend zu atmen.

Tipp: Sprechen Sie so langsam und pausenset-
zend, dass Sie beides als fast schon zu viel empfin-
den – dann passt es meistens genau – insbesondere weil für Ihr Publikum die präsentierten Gedanken
ja auch neu sind.

Moduliert sprechen

Variieren Sie bewusst Redegeschwindigkeit, Lautstärke und Pausensetzung. Dadurch steigern Sie die
Dramaturgie Ihrer gesamten Präsentation.

Das Gegenteil von modulierter Sprache ist eine mo-
notone Sprache, die sehr gleichförmig und ohne Ver-
änderung vor sich hin plätschert. Die Modulation
ersetzt somit das, was wir beim Schreiben mit einem
Textverarbeitungsprogramm durch die Satzzeichen
und Textformatierungen erreichen wollen.

Mit Nachdruck sprechen

Bei sogenannten Bogensätzen geht man mit der Tonhöhe am Ende des Satzes nach unten. Bogensätze wirken dadurch abgeschlossen und bestimmt.

Bei Schalensätzen geht man dagegen mit der Tonhöhe am Ende des Satzes nach oben. Diese Art der Betonung ist beispielsweise typisch für fragende Sätze oder für Sätze, denen noch ein weiterer Satzteil (nach einem Komma) folgen würde. Auf unser Publikum wirken wir mit Bogensätzen wesentlich nachdrücklicher und überzeugender.

Eine gute Methode, sich Bogensätze anzutrainieren, ist es, am Ende eines Satzes deutlich im Hinterkopf zu denken: *Punkt – Pause.*

Der tiefe Vokal des Wortes »Punkt« lässt uns bezüglich der Tonhöhe tiefer enden. Das Wort »Pause« verleiht der Tonmelodie-Senkung noch mehr Zeit und Nachdruck.

Trainieren Sie Ihre Stimme und Ihre Atmung. Das Sprechen sollte laut, deutlich, langsam, moduliert und ohne Weichmacher sein.

1.4 Den Körper sprechen lassen – der bewusste Umgang mit der Körpersprache

Das Nonverbale hat einen sehr wichtigen Stellenwert bei unserer Wirkung aufs Publikum. Dies hat gleich mehrere Gründe.

Der Zuhörer ist primär Zuschauer

Körpersprache ist evolutionär gesehen die ursprünglichste Sprache, die bei uns Menschen schon vor der evolutionären Entwicklung der verbalen Sprache gewirkt hat. Daher wird die nonverbale Sprache von einem Betrachter auch als verlässlicher und als ehrlicher als die verbale Sprache gewertet. Wenn jemand verbal eine bestimmte Botschaft sendet, die aber den nonverbal gesendeten Botschaften widerspricht, dann wird eher die nonverbale Sprache zur Interpretation herangezogen. Die körpersprachlichen Wirkungen überflügeln also die nicht körpersprachlichen Wirkungen.

Die Körpersprache wird zudem in einer schnelllebigen Gesellschaft immer wichtiger, da die »Kontaktgeschwindigkeit« der Menschen immens steigt. Bei den vielen oberflächlichen Face-to-face-Kontakten zu Mitmenschen, die wir kaum kennen, nutzen wir daher notgedrungen vermehrt den einzig vorhandenen Informationsträger Körpersprache zum Interpretieren dieser Personen.

Körpersprache ist permanent gegenwärtig, da man körpersprachlich nicht nicht kommunizieren kann. Man sendet permanent körpersprachliche Signale aus – ob man will oder nicht. Diese Signale werden dann von beobachtenden Empfängern mehr oder weniger direkt interpretiert – und dies meist auch wieder unbewusst. Körpersprache bekommt dadurch eine subtile Wirkung.

Auf den Punkt gebracht: Ein Präsentator wirkt vor allem durch sein körpersprachliches Auftreten. Sein Publikum besteht primär aus Zuschauern und erst sekundär aus Zuhörern.

Mit Blickkontakt Brücken bauen

Durch Blickkontakt schlagen Sie eine Brücke zu Ihren Zuschauern und sprechen dadurch direkt zu deren Herzen. Durch Blickkontakt können Sie auch wahrnehmen, wie Ihre Worte beim Publikum ankommen, und dadurch die Präsentation permanent nachjustieren.

Ein häufiger Fehler von Rednern ist es, die einzelnen Zuschauer viel zu kurz anzuschauen, also nur oberflächlich über deren Köpfe zu huschen. Besser ist es, wenn Sie an den Augen jedes einzelnen Zuschauers für kurze Zeit »andocken« und so lange verweilen, bis von Ihrem Gegenüber dann meist auch ein kleines Echo in Form eines Nickens oder Lächelns zurückkommt. Schauen Sie aber einzelne Personen auch nicht zu lange an, was ab ca. 5 Sekunden Blickdauer der Fall ist.

Statt wie ein Leuchtturm Ihre Zuschauer immer in der gleichen Reihenfolge anzuschauen, sollten Sie die Blickkontaktreihenfolge stets variieren.

Verteilen Sie den Blickkontakt gleichmäßig im Publikum. Lassen Sie sich nicht von scheinbar besonders wohlwollenden, besonders kritischen oder besonders wichtigen Zuschauern in deren Bann ziehen.

Schauen Sie nicht zu lange oder zu oft auf Ihre Medien wie beispielsweise auf die Beamer-Projektionsfläche, das Flipchart oder ein Muster.

Genauso wenig sollten Sie beim Nachdenken abwesend ins Leere bzw. in die Ferne schauen – wie beispielsweise aus dem Fenster, an die Decke, auf den Boden oder an die gegenüberliegende Wand. Falls Sie beim Nachdenken wirklich von den Augen der Zuschauer irritiert sein sollten, dann schauen Sie statt direkt in deren Augen lieber eine Handbreit höher auf deren Stirn. Die Zuschauer haben dabei immer noch das Gefühl des direkten Blickkontakts. Und Sie selbst sehen nicht deren ablenkende Augen, können sich daher voll konzentrieren.

Einen festen Standpunkt haben

Beim Präsentieren sollten Sie so vor Ihrem Publikum stehen, dass die Idiome »Rückgrat zeigen«, »Einen festen Standpunkt haben«, »Zum Inhalt stehen« und »Einen Auftritt haben« repräsentiert werden.

Stehen Sie genau im Zentrum vor dem Publikum – also in der »Höhle des Löwen«, wo Ihr Publikum Sie am besten sehen kann. Bauen Sie eine feste Erdung auf, indem Sie mit Ihren Beinen etwa schulterbreit stehen und Ihr Körpergewicht gleichmäßig auf beide Beine verteilen. Wenn Sie Ihr Körpergewicht ungleich verteilen, wirken Sie weniger überzeugend und fühlen sich auch so. Dies gilt auch für Frauen, auch wenn diese eine Spur ungleicher stehen können.

Stellen Sie einen Ruhepol fürs Publikum dar, indem Sie keine ziellosen oder disfunktionalen Bewegungen machen, wie beispielsweise im Raum hin und her »tigern«, mit dem Becken pendeln oder auf den Zehenspitzen wippen. Eine gewisse Bewegung im Raum ist sinnvoll und nötig, da diese auch Dynamik ausstrahlt. Aber die Bewegungen sollten sparsam, gezielt und bedacht erfolgen. Am Wendepunkt einer Bewegung (also bevor Sie wieder in die andere Richtung gehen) sollten Sie eine gewisse Zeit verharren und dabei auch wieder die feste Erdung zum Boden aufbauen. Erst nach dieser Zeit des Fest-Stehens sollten Sie wieder gehen.

Reden Sie wenn möglich immer stehend. Denn beim Sitzen fehlt Ihnen die notwendige Prominenz als Präsentator. Reden Sie am besten auch ohne Barrieren (Tisch, Rednerpult) zum Publikum.

Mit den Händen sprechen

Vermeiden Sie geschlossene Haltungen, bei denen Sie die Hände vor der Brust, dem Bauch, dem Becken oder hinter dem Rücken verschränken oder halten. Auch die Hand in der Hosentasche zu haben oder einen Gegenstand in beiden Händen zu halten stellt eine Geschlossenheit dar. Machen Sie mit den Händen stattdessen lieber etwas Gestik. Mit Gestik wirken Sie engagierter und überzeugender. Eine sprechbegleitende Gestik steigert auch die Modulation Ihrer Sprache. Zudem können Sie die gestischen Bewegung auch als »Blitzableiter« für das Lampenfieber einsetzen (siehe Seite 14). Gestische Bewegung fördert auch das sprechbegleitende Denken.

Machen Sie die Gestik langsam und raumgreifend, denn dadurch bauen Sie zeitlich und räumlich ein gewisses Volumen auf, das Ihre Prominenz unterstreicht.

Führen Sie Gesten im positiven Bereich zwischen Gürtellinie und Brust aus. Gestik unter der Gürtellinie wirkt eher negativ. Gestik über der Brustlinie wirkt meist zu pathetisch.

Eine symmetrische, völlig parallele oder leiernde Gestik beider Hände wirkt nie ganz so authentisch und locker wie eine asymmetrische Gestik, bei der die beiden Hände unterschiedliche und modulierte Bewegungen machen.

Einen Gegenstand in eine Hand zu nehmen hilft vielen Personen beim Aktivieren der Gestik. Nehmen Sie aber einen funktionalen Gegenstand, den Sie sowieso gebrauchen können: Flipchartmarker, Laserpointer oder Funkmaus. Und nehmen Sie den Gegenstand in die ruhigere Hand (bei Rechtshändern meist die linke Hand) – dann hat diese schon mal etwas zu tun und die lebendigere Hand bleibt frei für die eigentliche Gestik.

Disziplinieren Sie Ihre Hände, indem Sie nicht nervös und ohne Grund an sich (z. B. Haaren) oder Gegenständen (z. B. Stift) rumspielen.

Kleidung bewusst einsetzen

Kleidung ist ein Teil der Körpersprache, der besonders früh und weichenstellend wirkt. Kleiden Sie sich nicht überraschend für Ihre Zuschauer und eher eine Stufe zu streng als eine Stufe zu locker. Versuchen Sie ein kleines bisschen strenger als Ihr Publikum gekleidet zu sein.

Frauen müssen die Gratwanderung zwischen weiblich, aber nicht zu sexy austarieren. Frauen wirken mit Hose statt Rock, strenger Frisur und wenig sowie dezentem Schmuck recht überzeugend.

> **Tipp:** Die Kleidung sollte von oben nach unten immer dunkler werden oder gleich dunkel bleiben. Lassen Sie keine Haut zwischen Kleidungsstücken sehen. Verzichten Sie auf gemusterte Kleidung.

Wenn Sie beim Präsentieren vor Publikum ins Rampenlicht treten, helfen Ihnen folgende Gedanken:

- *Präsentieren ist ein Sprungbrett für Ihren Erfolg und Ihre Karriere, das Sie so oft wie möglich nutzen sollten.*
- *Nehmen Sie aktiv die Rolle der Prominenz ein, bleiben Sie dabei aber auch kongruent mit sich selbst.*
- *Verringern Sie Ihr Lampenfieber langfristig und kurzfristig.*
- *Trainieren Sie Atmung und Stimme.*
- *Sprechen Sie einfach, lebendig, bildhaft, laut, deutlich, langsam, moduliert, mit Pausen und frei von Weichmachern.*
- *Seien Sie sich der Wirkung der Körpersprache bewusst und setzen Sie Blickkontakt, Stand, Gestik und Kleidung gezielt ein.*

30 MINUTEN

Wissen Sie, wie Sie Ihre Präsentationen am besten gliedern und strukturieren?

Seite 38

Ist Ihnen bewusst, wie Sie bei Überzeugungs-Präsentationen einen argumentativen Sog aufbauen können?

Seite 44

Kennen Sie Methoden, wie Sie Ihren roten Faden beim Präsentieren halten können?

Seite 46

2. Schaffen Sie Struktur – die Dramaturgie von Präsentationen

Egal wie gut die eigentlichen Inhalte einer Präsentation sind – solange diese nicht in eine passende Form gegossen sind, verpufft ein Großteil ihrer Wirkung. So wie ein guter Bordeaux aus einem Bordeaux-Glas viel besser mundet als aus einer Kaffeetasse, munden unserem Publikum unsere Gedanken viel besser, wenn wir diese auch in die passende Form der Präsentationsgliederung gießen und diesem roten Faden dann auch zuverlässig folgen.

2.1 Die Gliederung von Präsentationen

Der erste Schritt Ihrer Präsentation sollte die Begrüßung des Publikums sein.

Publikum begrüßen und das Thema nennen

Sie können dies allgemein begrüßen mit
Sehr geehrte Damen und Herren.
Sie können – falls möglich – die Zuhörer aber auch noch individueller ansprechen. So können Sie beispielsweise bei einer Firmenbelegschaft sagen:
Sehr geehrte Mitarbeiter.
Oder bei Vereinsmitgliedern:
Liebe Mitglieder des TSV 1860.
Nennen Sie auch das Thema Ihrer Präsentation.

Sich kurz vorstellen

Stellen Sie sich dann dem Publikum kurz vor. Nennen Sie Ihren Namen und die Funktion, in der Sie sprechen. Sagen Sie, welchen Bezug Sie zum Thema haben. Meist ist es auch sinnvoll, die eigene Ausbildung oder biografische Stationen zu nennen, falls diese eine gewisse Kompetenz für das Thema der Präsentationen erahnen lassen. Seien Sie äußerst sparsam mit privaten Aspekten. Das interessiert – zumindest im beruflichen Kontext – meist niemanden.

Wenn Sie als Vertreter eines Unternehmens auftreten, sollten Sie an dieser Stelle einige Worte zu Ihrem Unternehmen sagen. Stellen Sie Ihr Unternehmen so ausführlich wie nötig dar, aber halten Sie die Unternehmensvorstellung bewusst kurz.

Wenn das komplette Publikum Ihre Person oder Ihr Unternehmen bestens kennt, dann entfällt die Vorstellung der Person bzw. Ihres Unternehmens.

Ablauf und Spielregeln definieren

Stellen Sie im nächsten Schritt dar, wie Ihre Präsentation organisatorisch ablaufen wird: Dauer, Demonstrationsphasen in einem anderen Raum, Pausen.

Stellen Sie auch dar, wie mit Fragen umgegangen werden soll. Es hat sich bewährt, dass die Zuschauer Verständnisfragen jederzeit stellen, aber ausführliche und tiefer gehende Fragen erst in einer anschließenden Fragerunde. Denn langatmige Fragen können die Dramaturgie und das Zeitmanagement Ihrer Präsentation ins Stolpern bringen.

Das Ziel der Präsentation nennen

Wenn der Zuhörer schon zu Beginn der Präsentation erfährt, welchen Nutzen er aus dem Vortrag ziehen kann, dann ist er motiviert, Ihnen zuzuhören. Stellen Sie daher kurz das Ziel und den Nutzen der Präsentation aus der Sicht der Zuhörer dar.

Die Gliederung der Präsentation vorstellen

Damit sich Ihre Zuhörer schon vorab eine orientierende Übersicht verschaffen können, sollten Sie nun die Gliederung des eigentlichen Hauptteils vorstellen. Am besten unterstützen Sie dies mit einer visuellen Darstellung mit Beamer oder Flipchart, die Sie während der Präsentation immer mal wieder zeigen und thematisieren. Achten Sie darauf, dass Sie nur eine grobe Struktur darstellen und sich nicht schon zu sehr in den feinen Verästelungen der kommenden Präsentation verlieren. Das würde die Zuhörer verwirren und nimmt Ihnen die Möglichkeit, bei Zeitdruck auch mal den einen oder anderen Unterpunkt unbemerkt wegfallen zu lassen.

Mit Dramaturgie ins Thema einsteigen

Wenn Sie nun mit einer durchdachten Dramaturgie zum eigentlichen Inhalt der Präsentation überleiten, bewirken Sie Spannung. So können Sie mit einem aktuellen oder situativen Bezug in das Thema einsteigen.

Oder Sie beginnen mit der Darstellung eines persönlichen Erlebnisses. Möglich ist auch eine Demonstration oder eine Provokation zum Einstieg.

Den Hauptteil sinnvoll gestalten

Der Hauptteil einer Informationspräsentation ergibt

sich aus dem Thema. Folgende Kriterien stellen für den Präsentator eine gute Maxime dar.

Stellen Sie die Dinge lieber etwas einfacher als zu kompliziert dar. Halten Sie Ihre Präsentation auch bewusst kurz, prägnant und ohne überfrachtende Details. Bringen Sie das Wesentliche und dies in bündiger Form auf den Punkt.

Ihre Zuhörer sollen jederzeit die Struktur Ihres Vortrags erkennen können. Nur dann werden sie Ihnen folgen können. Verweisen Sie deshalb zwischendurch immer wieder mal auf den roten Faden. Dies geht sehr gut mithilfe von Zwischenzusammenfassungen, Überleitungen und Vorausblicken.

Sie sollten nicht nur vortragen, sondern auch die Zuhörer zum Denken anregen und deren Aufmerksamkeit steigern. Dies können Sie durch den Einsatz von Visualisierungen, durch Fragen, durch Gedankenspiele und auch durch treffende Beispiele.

Bei Überzeugungspräsentationen gibt es eine ganz besondere und sehr wirkungsvolle Dramaturgie für den Hauptteil – diese wird im Kapitel 2.2 dargestellt.

Auf Ziel und Gliederung zurückverweisen

Nach dem eigentlichen Hauptteil Ihrer Präsentation sollten Sie noch mal auf deren Ziel und Gliederung zurückverweisen. Beides haben Sie ja zu Beginn der Präsentation schon vorausschauend angesprochen.

An dieser Stelle schließt sich also der Bogen und die Zuhörer können für sich entscheiden, inwiefern Sie Ihr Ziel erreicht haben.

Wichtigste Punkte wiederholen

Doppelt gesagt hat eine dreifache Wirkung. Aus diesem Grund sollten Sie sich auch zum Schluss Ihrer Präsentation die Zeit nehmen, um die wichtigsten Inhalte Ihres Hauptteils kurz zu wiederholen. Dadurch prägen sich die Inhalte bei Ihrem Publikum deutlich tiefer ein. Bringen Sie in dieser Phase aber keine allzu breite Wiederholung. Stattdessen sollten Sie hier nur das Wesentliche auf den Punkt bringen.

Ein Fazit oder einen Appell formulieren

Nach der kompakten Zusammenfassung sollten Sie bei einer Informationspräsentation mit einem Fazit schließen. Das Fazit kann auch ein Ausblick sein.
Noch viel wichtiger ist diese Phase bei einer Überzeugungspräsentation, da Sie hierbei ja das Denken und Handeln Ihrer Zuhörer ändern wollen. Und genau durch den hier zu formulierenden Appell fordern Sie die Zuhörer nun auch zu einem bestimmten Denken oder Handeln auf.

Die Fragerunde bestehen

Nach der eigentlichen Präsentation kommt die Fragerunde. Dort jonglieren Sie mit den Fragen und Einwänden aus dem Publikum. Diese Phase dauert oft länger als die eigentliche Präsentation. Tipps für diese Phase finden Sie in Kapitel 4.2 dieses Buches.

Nochmals kurz zusammenfassen

Die Fragerunde kann zwei riskante Effekte mit sich bringen, wenn Sie nach dieser nicht nochmals kurz zusammenfassen. Denn wenn diese lange dauert, haben die Zuhörer – auf der kognitiven Ebene – Ihre wesentlichen Gedanken aus dem Hauptteil möglicherweise schon wieder vergessen. Und wenn die Fragerunde sehr kritische Einwände brachte, wirken Sie – auf der emotionalen Ebene – eventuell wie ein geprügelter Hund, der schnell wegwill.

Um beide Risiken zu eliminieren, sollten Sie nach der Fragerunde nochmals Ihre Gedanken kurz, aber selbstbewusst zusammenfassen. Und zwar umso ausführlicher und deutlicher, je länger und kritischer die Fragerunde war.

Vom Publikum verabschieden

Am Schluss Ihrer Präsentation ist es eine Frage der Höflichkeit, dass Sie Ihrem Publikum für dessen Aufmerksamkeit danken und sich von ihm verabschieden. Genießen Sie den Applaus. Den haben Sie sich verdient! Laufen Sie also nicht davon, sondern verlassen Sie erst kurz vor dem Ende des Applauses Ihren prominenten Platz vor dem Publikum.

Eine durchdachte Gliederung der Präsentation lässt deren Dramaturgie entstehen. Nutzen Sie diese Wirkkraft.

2.2 Die Dramaturgie von Überzeugungs-Präsentationen

Bei Überzeugungspräsentationen hat es sich bewährt, den Hauptteil an folgendem universellen Dreierschritt zu orientieren, den man auch Problem-Lösungs-Formel nennt:

1. Schritt: suboptimale Ist-Situation

Stellen Sie in diesem Schritt dem Zuhörer dar, was an der momentanen Ist-Situation suboptimal ist.

Beispielsweise können Sie darstellen, dass Ihr Kunde momentan sehr viel Zeit, Energie und Personal bei seinem Produktionsprozess XY benötigt. Hierbei muss der aktuelle Ist-Zustand aber gar nicht mal als negativ dargestellt werden – er muss lediglich suboptimaler als jener Soll-Zustand sein, der im 2. Schritt dargestellt wird.

2. Schritt: optimale Soll-Situation

Stellen Sie in diesem Schritt dar, wie eine bessere oder gar optimale Soll-Situation aussähe. Betonen Sie hier, welche Aspekte diese Situation deutlich besser oder optimal werden lassen würden. Man definiert im Sinne eines Anforderungsprofils eine Art Wunschliste, die den anzustrebenden optimierten Zustand beschreibt.

Sie können beispielsweise darstellen, dass es sinnvoll wäre, wenn der Produktionsprozess XY ohne zusätzliches Personal, aber mit deutlichen Zeit- und Energieeinsparungen gefahren werden könnte.

3. Schritt: Lösung als Brückenschläger

Sie haben nun durch die beiden vorherigen Schritte Ihren Zuhörern eine Lücke zwischen dem suboptimalen Ist-Zustand und dem wünschenswerten optimierten Soll-Zustand deutlich gemacht. Diese Lücke ruft einen »Hunger« hervor, sie überwinden zu können. Im 3. Schritt wird dieser Brückenschlag vom suboptimalen Ist-Zustand zum optimalen Soll-Zustand in Form Ihres propagierten Konzepts dargestellt. Dieses Konzept sollte die im 2. Schritt definierten Punkte der Wunschliste erfüllen können. Man zeigt in dieser 3. Phase, dass und wie das in der vorherigen 2. Phase aufgestellte Anforderungsprofil durch den propagierten Brückenschlag eins zu eins erfüllt wird.

Sie könnten beispielsweise in diesem Schritt darstellen, dass und auch wie die von Ihnen propagierte Steuerungssoftware den Produktionsprozess XY mit deutlich weniger Ressourcen an Personal, Zeit und Energie möglich macht.

 Mit der universellen Problem-Lösungs-Formel können Sie Ihre Zuhörer von Konzepten und Produkten überzeugen.

2.3 Den roten Faden halten

Nachdem Sie die Präsentationsdramaturgie entwickelt haben, stellt sich im nächsten Schritt die Frage, wie Sie diesen roten Faden während der Präsentation auch zuverlässig einhalten können.

Präsentationen nicht ablesen

Eine abgelesene Rede, bei der man vorab Gedanke für Gedanke wörtlich ausformuliert und dann vom Manuskript abliest, hat kaum Vorteile, aber deutliche Nachteile. Vorteile sind, dass man jeden Gedanken bis ins Detail ausformulieren kann, den Zeitansatz recht gut einhalten kann und weniger Gefahr läuft, mit Pannen irgendwie stecken zu bleiben. Aber auf der anderen Seite wirkt eine abgelesene Präsentation wenig lebendig, wenig spontan und wenig performant. Man braucht dafür auch sehr viel Vorbereitungszeit. Und man kann später beim Präsentieren den Inhalt kaum flexibel anpassen.

Eine Präsentation sollten Sie wirklich nur dann ablesen, wenn Sie jedes Wort auf die Goldwaage legen müssen oder wenn Sie in einer Fremdsprache vortragen, die Sie nicht fließend sprechen.

Stichpunktkarten als roter Faden

Eine gute Möglichkeit, den roten Faden zu halten, ist die sogenannte halb freie Präsentation, bei der man zwar feste Stichpunkte hat, den Rest aber in der Situation frei formuliert.

Die Stichpunkte notiert man sich auf Stichpunktkarten und hangelt sich von Punkt zu Punkt durch die Präsentation. Dadurch kann man sich beispielsweise bezüglich der Dichte, der Geschwindigkeit und der Ausführlichkeit der Inhalte spontan an die momentane Situation und das konkrete Publikum anpassen.

Zudem haben Sie mit Stichpunktkarten auch einen funktionalen Gegenstand in der Hand, der Ihnen fast automatisch eine offene Grundhaltung im positiven Gestikbereich schaffen kann (siehe Seite 34).

Stichpunktkarten sinnvoll gestalten

Verwenden Sie am besten das Format DIN A6. Das ist

groß genug, aber noch nicht allzu auffällig. Verwenden Sie Papier mit einer Dichte von mindestens 120 g/m². Denn dies können Sie in einer Hand halten, ohne dass Ihnen die Karte nach hinten abklappt. Nehmen Sie eine dezente Farbe, die Ihrem Publikum nicht allzu stark auffällt. Da Weiß neutral wirkt, können Sie mit einer weißen Stichpunktkarte nichts falsch machen.

Beschreiben Sie die Karten nur einseitig und stecken Sie diese wie bei einem Quartettspiel immer wieder nach hinten. Damit ersparen Sie sich, die Karten beim Vortragen drehen und darüber auch noch den Überblick behalten zu müssen.

Verwenden Sie nur Stichwörter oder maximal Halbsätze. Denn wenn Sie Ihre Gedanken allzu ausführlich formulieren, dann finden Sie im Text nicht schnell genug Ihre Stichwörter und verlieren dadurch den roten Faden – oder lesen Ihren Text mehr oder weniger eins zu eins ab.

Wählen Sie nur jene Dichte an Stichwörtern, die Sie beim Präsentieren auch wirklich brauchen. Wenn Sie die Dichte der Stichwörter zu eng wählen, bremst Sie die Stichpunktkarte beim Präsentieren regelrecht aus, weil Sie dauernd ablesen müssen.

Wählen Sie eine ausreichend große Schrift und entsprechende Zeilenabstände. Denn dann können Sie die Karten auch noch aus der Ferne nutzen, wenn Sie diese auf den Tisch neben dem Laptop ablegen.

Gehen Sie großzügig mit der Anzahl der Stichpunktkarten um. Schreiben Sie nur eine Thematik auf eine Stichpunktkarte, auch wenn Sie unten noch Platz hätten. Jeder neue Gedankenabschnitt sollte auf einer neuen Karte beginnen. Denn dann können Sie auch noch kurz vor Ihrem Auftritt die einzelnen Karten und damit die Reihenfolge Ihrer Inhaltspunkte modulartig umsortieren.

Legen Sie vorab zeitliche Pufferzonen fest und kennzeichnen Sie diese deutlich. Dann sind Sie gewappnet, um einen während der Präsentation möglicherweise auftretenden Zeitdruck wieder ausgleichen zu können. Pufferzonen sind jene ergänzenden Inhalte, die bei Zeitdruck wegfallen könnten, ohne dabei eine logische Lücke in die Gesamtpräsentation zu reißen.

Verwenden Sie eine Art Regieleiste am rechten Rand der Stichpunktkarte. In dieser können Sie die Nummer der Stichpunktkarte notieren – dann haben Sie die Möglichkeit, deren Vollständigkeit und Reihenfolge immer schnell zu kontrollieren. Sie können dort auch auf von Ihnen geplante Zusatzmedien hinweisen – dann laufen Sie nicht Gefahr, diese zu vergessen. Notieren Sie die geplante Zeitstruktur von Karte zu Karte aufsummierend – dann sehen Sie auf jeder Karte, ob Sie noch im Zeitplan sind oder schon Pufferzonen wegfallen lassen sollten.

Nehmen Sie auch Marotten-Erinnerungen in Ihre Stichpunktkarten auf. Dann erinnern Sie sich automatisch immer wieder an jene Dinge, auf die Sie während der Präsentation besonders achten wollten. Wenn Sie beispielsweise auf jeder fünften Stichpunktkarte das Wort *Blickkontakt* oder ein Augenpaar abbilden, werden Sie selbst im Eifer des Präsentierens immer wieder daran denken, bewusst auf Ihren Blickkontakt zu achten.

Stichpunktkarten am Laptop einsetzen

Selbst wenn Sie mit Beamer und Laptop präsentieren, sind Stichpunktkarten sinnvoll. Allerdings ziehen Sie dann Ihre eigentlichen Stichpunkte aus der Präsentation im Laptop. Deswegen brauchen Sie für diese Stichworte auch keine zusätzlichen Stichpunktkarten. Aber für exkursartige Ergänzungen zu dieser für alle Zuhörer sichtbaren Präsentation können Sie ergänzende Stichpunktkarten zu einzelnen Charts vorbereiten. Wenn Sie diese neben den Laptop legen, können auch nur Sie diese ergänzenden Stichworte sehen.

Selbst wenn Sie im Grunde keine zusätzlichen Stichpunkte brauchen, kann eine einzige Stichpunktkarte sinnvoll sein, auf der Sie sich genau jene Marotten als Erinnerung notieren, auf die Sie während der Präsentation durchgängig achten wollen. Solch eine

Marotten-Erinnerungskarte können Sie während der Präsentation in der Hand halten. Sie können diese aber auch in die Tastatur Ihres Laptops stecken – dann werden Sie bei Ihrem entlanghangelnden Schauen auf den Laptop-Bildschirm automatisch immer wieder an Ihre guten Vorsätze erinnert.

Wenn Sie beim Präsentieren eine Struktur schaffen möchten, können Ihnen folgende Gedanken helfen:

- *Gliedern Sie Ihre Präsentation gemäß dem zuvor dargestellten Ablauf – dadurch wird diese verständlich und spannend.*
- *Nutzen Sie bei Überzeugungspräsentationen die Dramaturgie der Problem-Lösungs-Formel.*
- *Um den roten Faden zu halten, verwenden Sie am besten sinnvoll gestaltete Stichpunktkarten.*
- *Ergänzende Stichpunktkarten können auch bei einer Beamer-Präsentation sehr hilfreich sein.*

30 MINUTEN

Ist Ihnen bewusst, warum und wie Sie Ihre Gedanken visualisieren sollten?

Seite 53

Wissen Sie, wie Sie Medien mit Wirkung einsetzen können?

Seite 58

Kennen Sie die DOs und DON'Ts beim Präsentieren mit dem Beamer?

Seite 62

3. Lassen Sie Ihre Argumente zu Bildern werden – der Einsatz von Medien

Ein Vortrag oder eine Rede wird erst dadurch zu einer vollständigen Präsentation, wenn Sie auch Visualisierungen und Medien einsetzen. Gerade in dem Bereich des Visualisierens kann man für die Präsentation besondere Akzente setzen, indem man die Visualisierungen sinnvoll gestaltet und diese mithilfe der Medien auch handwerklich sinnvoll einsetzt.

3.1 Die Grundregeln des Visualisierens

Der Mensch ist eine Art »Augentier«, das im Alltag ca. 75 Prozent aller seiner Informationen über die Augen wahrnimmt. Nur ca. 13 Prozent aller Informationen werden über die Ohren wahrgenommen. Das Visualisieren beim Präsentieren entspricht daher genau den Gewohnheiten und Erwartungen unserer Zuhörer.

Die Vorteile des Visualisierens nutzen

Mit Worten sprechen wir vor allem die linke Gehirnhälfte der Zuhörer an – und mit Bildern eher die rechte Gehirnhälfte. Wenn wir den Zuhörer durch den zusätzlichen Einsatz von Visualisierungen zum Zuschauer werden lassen, dann aktivieren wir automatisch seine beiden Gehirnhälften. Und wir aktivieren dadurch garantiert auch seine dominante Gehirnhälfte – ganz egal welche dies sein mag.

Visualisierungen wirken überzeugender als Worte, da diese in der begeisterungsfähigeren und unkritischeren rechten Hirnhälfte verarbeitet werden. Zudem können Bilder schneller und einfacher verstanden und längerfristiger gespeichert werden. Bilder erhöhen die Aufmerksamkeit der Zuhörer. Visualisierungen können dem Präsentator außerdem als Stichpunktgeber dienen, an denen er sich wie an einem roten Faden entlanghangelt.

Es spricht also vieles dafür, den Zuhörer mittels Visualisierungen auch zum Zuschauer werden zu lassen.

Visualisierungen schlicht gestalten

Beim Gestalten von Visualisierungen gilt das Prinzip: »Weniger ist meist mehr.« Alles, was man visualisiert, sollte auch notwendig sein. Gestalten Sie Visualisierungen eher schlicht. Als einziges dekoratives Element ist das Corporate Design des Unternehmens sinnvoll. Verzichten Sie auf sonstige, unnötige und ablenkende Bilder oder unruhige Hintergründe. Das Layout sollte durchgängig, einheitlich und schlicht sein.

Visualisierungen psychologisch gestalten

Helfen Sie Ihren Zuschauern beim Verstehen Ihrer Visualisierungen. Pro Visualisierung sollte man nur einen Gedankengang visualisieren. Stellen Sie zudem Ihre Gedanken eher analog als digital dar. Verwenden Sie eher Bilder als Text und eher Diagramme statt Tabellen. Statt Realbildern sind oft stilisierte logische Bilder verständlicher. Visualisierungen sollten eher prägnant als zu detailliert sein. Stellen Sie logische Abläufe von links nach rechts und von oben nach unten dar. Komplexe Bilder sollten Sie auch step by step visualisieren, um Ihre Zuhörer nicht von Anfang an zu sehr zu beanspruchen.

Schrift sinnvoll einsetzen

Jede Visualisierung braucht eine inhaltlich prägnante Überschrift, die sich optisch vom restlichen Text dreifach unterscheiden sollte – indem diese beispielsweise größer, fetter und zentrierter als der restliche Text ist.

Dunkle Schrift auf hellem Grund ist besser lesbar als umgekehrt. Schrift aus reinen Großbuchstaben ist nur langsam lesbar – verwenden Sie daher eine Schrift, die aus Großbuchstaben und Kleinbuchstaben besteht. Bleiben Sie durchweg bei einer Schriftart. Verwenden Sie eine unverschnörkelte Schrift ohne Serifen. Serifen sind die Füßchen an der Schrift. Verwenden Sie also lieber eine Arial-Schrift als eine Times-Schrift. Denn Serifen sind nur bei Prosatexten sinnvoll. Beim Visualisieren sollten Sie aber gerade keine Prosatexte, sondern eher Stichwörter verwenden.

Wenn Sie vor allem Text visualisieren möchten, sollten Sie ein Bullet Chart einsetzen. Hierbei werden die einzelnen Gedanken mittels vorangestellten Aufzählungszeichen (Bullets) zeilenweise aufgeführt. Hier gilt die 7x7-Regel: Verwenden Sie maximal 7 Bullets mit je maximal 7 Wörtern – dann bleiben Ihre Aussagen auch automatisch stichwortartig.

Wenn Sie Ihre Medien per Hand beschriften, sollten die Buchstaben mindestens 5 cm hoch sein. Beim Präsentieren mit dem Laptop sollte die Schrift größer als 20 Punkt sein – Überschriften sollten größer als 30 Punkt sein.

Systematisch farbig statt bunt gestalten

Farben erhöhen deutlich die Verständlichkeit. Dennoch sollten Ihre Visualisierungen von der Struktur her so gut sein, dass die Botschaften auch schon in Schwarz-Weiß rüberkommen würden.

Der Farbkontrast zwischen den verschiedenen Visualisierungselementen muss hoch genug sein. Schrift und andere Bildelemente müssen sich vom Hintergrund deutlich abheben.

Verwenden Sie maximal 4 Farben und diese mit einem durchgängigen System.

Rot und Grün sollten Sie nicht als Unterscheidung (beispielsweise bei Diagrammen) verwenden, weil die 5 Prozent Farbenblinden unter den Zuhörern diese nicht unterscheiden können.

Die Farben sollten kräftig, aber nicht zu grell sein. Für Schrift ist Schwarz immer am besten geeignet.

Farben haben auch bestimmte psychische Wirkungen auf die Betrachter: Blau wirkt seriös, Grün wirkt problemlösend und Rot wirkt gefährlich und unruhig. Daher sollte man Rot nur sparsam zum Hervorheben verwenden. Weiß ist als ein sehr rein und ruhig wirkender Hintergrund geeignet. Diese 5 Farben reichen völlig aus.

Visualisieren bringt viele Vorteile und auch einige Herausforderungen mit sich. Visualisieren Sie schlicht, sinnvoll und mit System.

3.2 Die Grundregeln der Medien-Handhabung

Die Visualisierungen sollen den Präsentator unterstützen – und nicht umgekehrt. Lassen Sie sich daher nicht von Ihren Medien zur zweiten Geige degradieren. Diese Gefahr ist vor allem bei Beamer-Präsentationen sehr groß. Sie sollten daher zu jeder Visualisierung mindestens 25 Prozent (nicht visualisierte) zusätzliche Informationen auf der verbalen Tonspur parat haben – ansonsten werden Sie zu einem reinen Vertoner von Bildern. Insbesondere sehr zentrale und emotionale Präsentationssequenzen wirken abgelesen, wenn diese fast wörtlich visualisiert sind. Setzen Sie daher auch maximal halb so viele Visualisierungen ein, wie die Präsentation in Minuten lang ist – dann bleiben Sie zentral. Im Notfall sollten der Strom und alle Medien ausfallen können – Ihre Botschaft muss auch alleine durch Sie und Ihre Tonspur rüberkommen.

Visualisierungen in Szene setzen

Leiten Sie beim Präsentieren mit einigen orientierenden Worten auf die kommende Visualisierung hin. Machen Sie diese Visualisierung dann sichtbar und geben Sie Ihren Zuhörern ganz kurz Zeit, diese in Ruhe zu betrachten. Danach können Sie die Visualisierung zuerst global verbalisieren, bevor Sie Einzelheiten erläutern. Zum Schluss fassen Sie die Kernaussage der Visualisierung zusammen, bevor Sie zum nächsten Punkt überleiten. Zeigen Sie dabei synchron jeweils auf den Punkt der Visualisierung, der gerade verbalisiert wird.

Zeigen Sie die entsprechende Visualisierung erst dann und auch nur so lange, wie diese Thema Ihrer verbalen Aussagen ist.

Dem Publikum zugewandt bleiben

Vermeiden Sie, sich zu sehr Ihren Medien zuzuwenden. Ihr Ansprechpartner bleibt auch beim Medieneinsatz das Publikum – und nicht das Flipchart oder die Beamer-Projektion. Wenn Sie an der Visualisierung etwas zeigen möchten, verwenden Sie die Methode des »Touch-Turn-Talk«: Statt zum Medium zu sprechen, zeigen Sie nach einer kurzen Ankündigung zuerst auf das Bild (Touch), drehen sich dann zum Publikum (Turn) und verbalisieren dann erst Ihren Text (Talk). Beim Schreiben wird aus dem Touch-Turn-Talk ein »Write-Turn-Talk«, bei dem Sie während des Schreibens schweigen statt zum Medium zu sprechen. Danach drehen Sie sich zum Publikum und verbalisieren jetzt erst das Geschriebene. Damit die schweigenden Schreibphasen nicht zu lange dauern, sollten Sie aufwendige Visualisierungen (oder die wesentlichen Grundstrukturen) schon fertig vorbereitet haben und dann einfach aufdecken. Sie können dazu auch fertige Moderationskarten mit Schlagwörtern mit Magneten an einem Flipchart befestigen.

Stehen Sie seitlich zu den Visualisierungen, damit Sie diese für die Zuschauer nicht verdecken. Prüfen Sie schon vor Ihrer Präsentation, in welchen räumlichen Bereichen Sie später problemlos agieren können, ohne die Sicht zu verdecken.

Lowtech-Medium Flipchart nutzen

Das Flipchart ist meist als Standardausrüstung in Vortragsräumen vorhanden. Man muss bei diesem Medium kaum technische Pannen befürchten. Es ist für bis zu 30 Zuschauer geeignet. Flipcharts mit Rollengestell kann man auch mal schnell im Raum bewegen. Es gibt auch kleinere Tisch-Flipcharts.

Das Flipchart ist besonders gut dafür geeignet, etwas spontan zu visualisieren. Ganz besonders eignet sich das Flipchart als sogenanntes Dauermedium, bei dem ein Gedanke oder eine Grafik über sehr lange Zeit im Raum präsent und sichtbar bleiben soll – entweder direkt am Flipchart oder auf dem abgetrennten Blatt an der Wand. Eine Agenda beispielsweise kann so gut präsent gemacht werden.

Das Flipchart ist aber auch ein sehr gutes Entwicklungsmedium, denn Sie können direkt vor den Augen der Zuschauer Grafiken und Gedanken visuell entwickeln. Sie können sich die Grundstruktur schon vorab dünn und kaum sichtbar mit einem Bleistift vorzeichnen. Dann entstehen diese Grafiken bei der Präsentation zum Erstaunen der Zuschauer perfekt. Lösen Sie die einzelnen Blätter des Papierblocks schon vorab, damit diese beim Abtrennen nicht einreißen können. Verwenden Sie nicht durchschlagende Stifte. Lassen Sie zwischen allen vorbereiteten Blättern jeweils ein Blatt frei, um zwischendurch spontan etwas visualisieren zu können oder um die Zuschauer wieder auf Ihre Prominenz zu fokussieren.

Da die Rückwände der Flipcharts meist aus Metall sind, können Sie auch Magneten einsetzen. Fokussieren Sie beispielsweise mit einem roten Magneten laut klackend den Punkt, den Sie gerade erläutern. Oder befestigen Sie ergänzende fertige Moderationskarten mit Magneten step by step auf dem Flipchart.

Gerade weil das Arbeiten am Flipchart sehr hemdsärmelig und zupackend wirkt, kann man dies ganz bewusst und gezielt als erfrischenden Kontrast zu dem eher sterilen Medium Beamer einsetzen.

Bleiben Sie trotz Medien der Mittelpunkt der Präsentation und auch Ihrem Publikum zugewandt. Präsentieren muss nicht immer Hightech sein.

3.3 Die DOs und DON'Ts bei Beamer-Präsentationen

Lassen Sie den Beamer nicht vom absoluten Anfang bis zum absoluten Schluss neben sich visualisieren – denn dadurch macht er Ihnen Ihre Prominenz streitig. Inszenieren Sie stattdessen Phasen, bei denen Sie ohne Beamer-Projektion alleine und zentral vor dem Publikum wirken. Insbesondere am Beginn und am Schluss der Präsentation ist dies sinnvoll. Aber auch in einer Fragephase oder während Sie an einem anderen Medium präsentieren (z. B. Flipchart oder Modell).

Sie können dies ganz einfach und jederzeit inszenieren, indem Sie während der Präsentation in Power-Point auf der Laptop-Tastatur die Taste »B« (wie »Black«) drücken – dadurch wird die Projektion schwarz bzw. ausgeschaltet. Jeder Druck auf eine andere Taste oder die Maus bringt die Projektion wieder zurück.

Die Wirkung ist enorm: wenn das Licht der Beamer-Projektion ausgeht, gehen symbolisch die Spots auf Sie als Präsentator an.

Die Bühne sinnvoll nutzen

Lassen Sie sich nicht dazu verleiten, Ihre Präsentationsinhalte an der Projektionsfläche abzulesen. Denn dadurch sind Sie deutlich und regelmäßig vom Publikum abgewandt. Greifen Sie stattdessen mit kurzen Blicken Ihre Inhalte von dem Bildschirm des vor Ihnen stehenden Laptops ab. Dazu müssen Sie nur ganz kurz Ihre Augen senken – das wird dem Publikum kaum auffallen. Der Arbeitsplatz des Präsentators sollte also der Laptop und nicht die Projektionsfläche sein.

Wenn Sie eine Funkmaus benutzen, brauchen Sie sich auch nicht für jeden Klick zum Laptop vorbewegen oder runterbeugen.

Richten Sie sich Ihren Präsentationsbereich asymmetrisch ein: der Laptop auf der einen Seite und der Beamer auf der anderen Seite Ihrer »Bühne«. Hinter dem Laptop stehend, nehmen Sie auch keinem der Zuhörer beim Präsentieren die Sicht. Dennoch sollten Sie natürlich gerade in den Phasen, in denen Sie den Beamer nicht brauchen, diesen auf »Black« schalten und selbst deutlich im Zentrum stehen – also zu Beginn, in der Fragerunde und am Schluss.

Im Ablauf flexibel bleiben

Es gibt Situationen, bei denen würde man gerne innerhalb der Beamer-Präsentation zu einem bestimmten Chart springen: wenn man spontan auf Fragen aus dem Publikum in der Präsentation etwas zeigen möchte. Oder wenn man die Präsentationsdramaturgie spontan ändern möchte. Oder wenn man aus Zeitdruck einige Charts überspringen möchte. Das kann man auch sehr elegant machen, indem man in der laufenden PowerPoint-Präsentation einfach die Nummer des anzuspringenden Charts auf der Laptop-Tastatur eintippt und danach ENTER drückt. Mit »25« und »ENTER« springt man also direkt zum Chart 25. Am besten druckt man sich vorher die sogenannten Handzettel aus. Das ist eine Folienübersicht der Präsentation, bei der bis zu 9 Folien auf einer Seite abgebildet sind. Darauf schreibt man neben die Charts deren Nummer und legt sich diesen Ausdruck neben den Laptop – dann sieht man jederzeit, auf welches Chart man beim Präsentieren springen will und kann.

Auch solche Charts, die Sie vorher ausgeblendet haben, können Sie mit deren Chart-Nummer und »ENTER« auf Knopfdruck direkt wieder einblenden und anspringen.

Sie können während einer PowerPoint-Präsentation ganz spontan andere Dateien auf dem Laptop öffnen, indem Sie gleichzeitig die Taste mit dem Windows-Fenster und die Taste mit dem Buchstaben »E« drücken. Denn dann öffnet sich über Ihrer Präsentation der Datei-Explorer und Sie können jede auf dem Laptop befindliche Datei öffnen und präsentieren. Danach schließen Sie diese Datei einfach wieder und

Sie fallen automatisch an das aktuelle Chart in Ihrer PowerPoint-Präsentation zurück.

Falls Sie schon vorher wissen, dass Sie beim Präsentieren bestimmte Charts oder Dateien anspringen wollen, lohnt es sich, Hyperlinks zu setzen. Wenn Sie diese beim Präsentieren anklicken, springen Sie direkt auf die vorbereitete Folie oder Datei.

Sinnvoll fokussieren

Wenn man Charts auf einen Schlag einblendet, lesen die Zuhörer alle Punkte kreuz und quer voraus, obwohl nur der erste Punkt gerade Thema sein soll. Dadurch geht der gemeinsame Fokus verloren. Auch das Publikum geht verloren, weil ab dato vom Präsentator kaum noch Spannung für die schon im Voraus gelesenen Punkte aufgebaut werden kann.

Daher sollten Inhalte, die step by step präsentiert werden, auch durch eine synchrone Step-by-step-Animation schrittweise visualisiert werden. Verwenden Sie beim Animieren aber durchgängig nur eine einzige Animationsart. Diese sollte sehr schlicht und ohne Sound sein. Verwenden Sie keinen Zeitautomatismus – denn Sie werden nie den absolut richtigen Takt treffen. Animieren Sie nur dann einzelne Steps, wenn Sie auch zu jedem Step mindestens 20 Sekunden verbal auf der Tonspur etwas Zusätzliches zu erläutern haben. Sonst erscheint das Klicken als zu viel und zu schnell. Durch eine sinnvolle Step-by-step-Animation können Sie auch sehr komplexe Visualisierungen häppchenweise erläutern und damit vermeiden, dass diese anfangs zu erschlagend und abschreckend wirken.

Manche Visualisierungen (wie beispielsweise Tabellen oder Konstruktionszeichnungen) will oder kann man nicht durch Step-by-step-Animationen visualisieren. Hier können Sie zum Fokussieren den Laserpointer einsetzen. Lassen Sie diesen aber lange genug und langsam über dem Fokus kreisen. Dann können diesen alle Zuhörer erkennen – sogar jene Zuhörer, die weiter hinten sitzen oder farbenblind sind. Wenn Sie mit dem Laserpointer kreisende Bewegungen machen, bemerkt auch niemand Ihr mögliches Zittern.

Eine sehr elegante Methode des Fokussierens sind »Hotspots«. Hierbei blenden Sie während der Präsentation vorbereitete Hervorhebungen auf Mausklick ein – das kann ein roter Kreis sein, der bei einer Tabelle eine bestimmte Zeile oder bei einer Konstruktionszeichnung ein bestimmtes Bauteil deutlich hervorhebt. Diese Hotspots wirken dann wie eine Art fokussierendes Brandzeichen auf der Visualisierung.

Wenn es Ihnen mal ganz wichtig ist, dem Publikum sehr hemdsärmelig und spontan etwas zu zeigen, können Sie bewusst auch mal mit der offenen Hand an der Projektsfläche etwas zeigen – auch wenn Sie dabei im Licht stehen, sich selbst blenden und Bildbereiche abdecken.

Wenn Sie beim Präsentieren durch den Einsatz von Visualisierungen Ihre Zuhörer zu Zuschauern werden lassen, können Ihnen folgende Gedanken helfen:

- **_Lassen Sie Ihre Zuhörer zu Zuschauern werden und nutzen Sie bewusst die Vorteile des Visualisierens._**
- **_Gestalten Sie Ihre Visualisierungen schlicht, systematisch und psychologisch._**
- **_Bleiben Sie trotz Medien Ihrem Publikum zugewandt und die Hauptfigur._**
- **_Nutzen Sie auch Lowtech-Medien._**
- **_Bleiben Sie bei Beamer-Präsentationen flexibel mithilfe des Einsatzes von Hyperlinks und der spontanen Möglichkeiten Folienspringen, Folien-Einblenden und Datei-Öffnen._**
- **_Fokussieren Sie bei Beamer-Präsentationen sinnvoll mittels Step-by-step-Animationen und Hotspots._**

30 MINUTEN

Ist Ihnen bewusst, wie Sie Pannen und Störungen während der Präsentation gekonnt managen können?

Seite 70

Wissen Sie, wie Sie mit Fragen aus dem Publikum umgehen sollten?

Seite 74

Kennen Sie die Methoden, mit denen Sie Einwände und Angriffe souverän meistern können?

Seite 82

4. Keine Angst, wenn es schwierig wird – das Meistern von kritischen Situationen

Besonders in kritischen Phasen zeigt sich, ob ein Präsentator sein Handwerk beherrscht. Pannen und Störungen während einer Präsentation stellen solche kritischen Momente dar. Auch Fragen, Einwände und Angriffe aus dem Publikum werden von vielen Präsentatoren gefürchtet. Es gibt allerdings wirkungsvolle Methoden, um diese Situationen souverän managen zu können.

4.1 Die DOs und DON'Ts im Umgang mit Pannen

Wo gehobelt wird, fallen Späne – und wo vor Publikum gesprochen wird, passieren Pannen. Präsentieren wird nie völlig pannenfrei ablaufen. Selbst wenn Sie sich bestens vorbereiten, werden Sie beim Präsentieren immer auch einige unglückliche Formulierungen, Holperer, Versprecher, Lücken, Inkonsistenzen und Fehler haben. Sie werden in jeder Ihrer Präsentation einen suboptimalen Aspekt finden, der noch besser hätte sein können. Es wäre aber ein Fehler, sich schon während des Präsentierens so sehr über diese Suboptimalitäten zu ärgern, dass dadurch das gesamte weitere Präsentieren unnötigerweise ebenfalls suboptimal wird.

Seien Sie sich bewusst, dass jedes Präsentieren für jeden Präsentator immer ein »Durchwursteln« darstellt – auch wenn man das den Präsentatoren von außen meist nicht anmerkt. Das Ideal einer perfekten Präsentation dient zwar als gute Motivation – aber es bleibt in der Realität eine Illusion. Dies zu wissen, gibt dem Präsentator die notwendige Gelassenheit, sich nicht schon während des Präsentierens zu ärgern. Denn darunter würde die weitere Präsentation leiden. Und genauso wenig sollte der Präsentator Unmengen von emotionaler Energie und Konzentration verkrampft darauf aufwenden, jegliche kleine Panne zu vermeiden – es gelingt ihm sowieso nicht.

Bei Pannen erst mal Zeit gewinnen

Eine Panne bedeutet immer, dass etwas ins Stolpern gerät: entweder der Fluss Ihrer Gedanken oder der Fluss Ihrer technischen Medienunterstützung. Schaffen Sie sich etwas Zeit, um den Fluss wieder in Schwung zu bringen – meist reichen dafür ein paar Sekunden aus.

Um sich Zeit zu verschaffen, können Sie beispielsweise einfach Ihren letzten Gedanken wiederholen, die bisher wichtigsten Punkte zusammenfassen, eine Frage ans Publikum stellen oder auf einen zusätzlichen Aspekt bei der letzten Visualisierung hinweisen.

Sie können sich auch einen »Pannen-Puffer« zurechtlegen. Das ist eine vorgeformte Formulierung, die aufgrund ihres neutralen Inhalts an annähernd jeder Stelle einer Präsentation passt und von Ihnen wie im Schlaf angewandt werden kann.

Gönnen Sie sich auch bei Blackouts einfach etwas Zeit. Das Publikum empfindet eine Denkpause des Präsentators erst ab 7 Sekunden als auffällige Lücke – und in 7 Sekunden finden Sie fast jeden verlorenen Faden wieder.

Pannen nicht auf dem Silbertablett präsentieren

Meist bemerkt nur der Präsentator selbst seine kleinen Pannen. Denn er ist der Aufmerksamste im Raum und meist auch der Einzige, der die geplante Präsentation vorab schon kennt. Zudem ist er meist derjenige, der am tiefsten im Thema der Präsentation drinsteckt.

Daher wäre es ein Fehler, jede kleine Panne gegenüber dem Publikum zum Thema zu machen und auf dem Silbertablett zu präsentieren. Vermeiden Sie also solche Zwischenkommentare wie beispielsweise:

»... da bin ich jetzt doch etwas rausgekommen ...«
»... ich habe gerade den Faden verloren ...«

Eine Panne, die vom Präsentator durch seine eigenen Kommentare »hochgekocht« wird, wird vom Zuhörer garantiert bemerkt und bleibt zudem auch noch länger im Gedächtnis des Zuhörers haften.

Ein Pannen-Szenario entwickeln

Wenn Sie bei der Vorbereitung der Präsentation vom Worst Case ausgehen, kann Ihnen kaum noch etwas passieren. Überlegen Sie, was Sie in solchen Situationen tun werden. Und bereiten Sie dies auch geistig vor. Sie sollten immer dafür gewappnet sein, dass Sie beispielsweise plötzlich nur zwei Drittel oder gar nur ein Drittel der geplanten Präsentationszeit zur Verfügung haben. Und Sie sollten auch dafür bereit sein, dass plötzlich der Strom ausfällt und Sie keine elektronischen Medien mehr einsetzen können.

Wenn Sie vorbereitet sind, dann sind solche Fälle kein Problem für Sie. Eine Präsentationsvorbereitung ist erst dann richtig gut, wenn Sie auch in einem Drittel der geplanten Zeit und auch ohne elektronische Medien die Botschaft auf den Punkt bringen können.

Vorab eine Präsentations-Loipe schaffen

Beim Ski-Langlauf ist die Loipe nach mehrfachem Durchfahren viel leichter und sicherer zu befahren. Sie können eine Art »Präsentations-Loipe« spuren, indem Sie Ihre Präsentation vorab und ohne Publikum für sich alleine mehrfach (mindestens 5 Mal) durchgehen. Dies sollten Sie komplett, in Echtzeit und laut sprechend machen. Vor allem der Beginn und der Schluss sind Schaltstellen, die Sie öfters durchgehen und optimieren sollten. Die ersten Loipen-Versionen werden noch verunglückte Formulierungen, inkonsistente Gedankengänge, Holperer und inhaltliche Lücken haben. Aber Ihr Publikum hört ja dann zum Glück erst die letzte optimierte Spur. Mit solch einer vorab entwickelten Präsentations-Loipe verringern

Sie deutlich die Wahrscheinlichkeit von späteren Pannen. Der Erfolg einer Präsentation entsteht weniger im Rampenlicht als im Licht der Schreibtischlampe einige Tage vor Ihrer Präsentation.

Mit einer Präsentations-Loipe und einem Pannen-Szenario können Sie Pannen reduzieren. Bleiben Sie im Fall einer Panne gelassen und gewinnen Sie Zeit.

4.2 Die DOs und DON'Ts im Umgang mit Fragen und Einwänden

Meist interessiert eine von einem Zuhörer gestellte Frage nur einen Bruchteil des restlichen Publikums – oder nur den Frager selbst. Antworten Sie daher immer sehr kompakt. Ist die Frage sehr umfangreich oder ganz weit vom eigentlichen Präsentationsthema weg, dann antworten Sie dem Frager erst nach der Präsentation in aller Ruhe unter vier Augen.

Wenn Sie eine Frage gestellt bekommen, die sich im Laufe Ihrer weiteren Präsentation von alleine klärt, dann weisen Sie den Frager darauf hin und bitten ihn daher freundlich um etwas Geduld.

Manchmal bekommt man eine Frage, deren Antwort

man momentan nicht weiß. In diesem Fall sagt man offen, dass man die ausführliche Antwort momentan (noch) nicht hat, sich aber darum kümmern wird – am besten terminiert auf einen baldigen Zeitpunkt.

Nach der Klärung einer Frage sollten Sie wieder kurz den roten Faden thematisieren, um die Aufmerksamkeit der Zuhörer wieder auf die eigentliche Präsentation zu lenken.

Fragen sind meist sehr wohlwollend. Etwas kniffliger wird es dann, wenn die Fragen zu Einwänden werden.

Einwände als normal und vorteilhaft erkennen

In Präsentationen werden neue Dinge präsentiert und dadurch die Zuhörer mit neuen Gedanken konfrontiert. Umdenken ist für uns Menschen immer unschön. Aus diesem Grund ruft eine Präsentation bei den Zuhörern automatisch Widerstände in Form von Einwänden hervor. Dass Einwände formuliert werden, ist also völlig normal, zu erwarten und auch nichts Schlechtes.

Außerdem zeigen Einwände, dass die Zuhörer ein Interesse an den präsentierten Ideen haben. Denn sonst würden diese gar nicht den Aufwand auf sich nehmen, überhaupt erst Einwände zu formulieren – sondern stattdessen nach der Präsentation einfach wieder gehen.

Zudem kann der Präsentator nur jene Bedenken zerstreuen, die zuvor als Einwände entkräftet wurden. Unausgesprochene Bedenken könnte der Präsentator gar nicht komplett zerstreuen, weil er diese meist gar nicht alle kennt. Diese unzerstreuten Bedenken würden dann im Hinterkopf des Zuhörers weiter wirken und schwelen.

Weiterhin wirken entkräftete Einwände wie zusätzliche Argumente, denn es ist besser, Einwände gekonnt zu entkräften, als gar keine Einwände zu haben. Ein kritisches Publikum erhöht zudem den Vorsprung zu Konkurrenten, da diese ja die gleichen Einwände vor die Füße geworfen bekommen. Und wenn Sie zumindest ein bisschen besser als Ihre Konkurrenz sind, wird ein kritisches Publikum zur Trennscheide, mit der Sie sich von Ihrer Konkurrenz absetzen können. Je »widerständiger« das Publikum ist, desto besser können Sie Ihren Vorsprung zur Konkurrenz festigen und ausbauen.

Mit einer guten Einwandbehandlung können Sie Ihre Zuhörer auch auf der zwischenmenschlichen Ebene gewinnen. Denn gerade weil eine Einwandbehandlung immer in ein emotionales Rangeln münden könnte, ist ein geschickter Umgang mit Einwänden eine riesige Chance, die Zuhörer auf der emotionalen Beziehungsebene für sich zu gewinnen. Einwände sind also völlig normal und haben sogar mehrere

Vorteile. Das macht es Ihnen als Präsentator schon leichter, gelassen mit Einwänden umzugehen.

Das Judo-Prinzip

Wenn man beim Kampfsport Karate angegriffen wird, startet man direkt einen Gegenangriff. Wenn man dagegen im Kampfsport Judo angegriffen wird, dann bietet man dem Angreifer erst mal wenig Widerstand. Stattdessen geht man mit der Angriffsbewegung des Gegners erst einige Schritte mit, nur um später dann doch noch geschickt auszuweichen. Daher nennt man die Sportart Judo auch »die sanfte Kunst«.

Beide Grundprinzipien gibt es auch beim Umgang mit Einwänden. Das Judo-Prinzip ist das deutlich sinnvollere Prinzip. Hierbei zeigt der Präsentator erst mal auf der Beziehungsebene ein empathisches Verständnis für den Einwand, bevor er diesen dann auf der Inhaltsebene entkräftet. Wenn beispielsweise ein Zuhörer einwendet, dass ein präsentiertes Produkt XY sehr teuer sei, könnte eine härtere Karate-Antwort lauten:

»Nein. Das sehen Sie falsch. Denn Sie vergessen, dass Sie mit XY sehr viele Vorteile haben, durch die sich der Preis lohnt. ...«

Eine weichere Judo-Antwort könnte stattdessen lauten:

»Ja, das stimmt. Und das ist auch ein wichtiger Punkt. XY stellt natürlich auch eine gewisse Investition dar, die sich für Sie natürlich auch deutlich rechnen soll. Das sehe ich genauso wie Sie. Allerdings lohnt sich diese Investition tatsächlich dadurch, dass ... «

Die eigentliche inhaltliche Antwort ist in beiden Fällen identisch. Durch das Judo-Prinzip wird man also inhaltlich nicht zu einem nachgebenden »Weichspüler«. Man fängt die Einwände lediglich auf der Beziehungsebene sanfter, verständnisvoller, partnerschaftlicher und abfedernder auf, bevor man diese dann inhaltlich genauso deutlich entkräftet. Durch das Judo-Prinzip vermindert der Präsentator die Gefahr, den Einwender (oder die anderen Zuhörer) auf der zwischenmenschlichen Beziehungsebene zu düpieren oder zu verlieren.

Die Bumerang-Technik

Auf der Inhaltsebene ist die Bumerang-Technik die beste Methode, um Einwände zu entkräften. Ein Bumerang fliegt wieder dorthin zurück, von wo aus er geworfen wurde. Genauso kann ein Präsentator auch bestimmte Einwände mit einer Gerade-weil-Argumentation als Argument für den eigenen Standpunkt zum Einwender zurückfliegen lassen. Ein Beispiel: Ein Zuhörer bringt bei einer Präsentation einer Software folgenden Einwand:

»Zeit ist bei uns immer extrem knapp. Daher haben wir für die Umstellung auf eine neue Software keine Zeit.«

Der Präsentator antwortet mit der Bumerang-Technik:

»Gerade weil bei Ihnen Zeit sehr knapp ist, lohnt sich die Umstellung auf die neue Software auf Dauer ganz besonders, weil Sie damit bei jedem Arbeitsplatz tagtäglich über 20 Minuten Arbeitszeit einsparen.«

Die Gerade-weil-Argumentation der Bumerang-Technik ist die edelste Methode, um Einwände zu entkräften, denn sie holt den Einwender genau bei seinem Ausgangsgedanken ab. Statt dem Einwender grundlegend widersprechen zu müssen, wird sein Gedankengang lediglich in andere Bahnen gelenkt und somit dessen Perspektive durch einen anderen Rahmen umgedeutet. Natürlich kann man aber nicht alle Einwände mit einem edlen Gerade-weil-Bumerang entkräften.

Die Waage-Technik
Falls man die umdeutende Bumerang-Technik argumentativ nicht verwenden kann, gibt es eine weitere

Methode, mit der man die restlichen Einwände entkräften kann: die Waage-Technik. Diese beruht auf einer Einerseits-andererseits-Argumentation. Hierbei erkennt man einerseits den Einwand des Einwenders an und stellt diesem andererseits jene Aspekte gegenüber, die wiederum für den eigenen Standpunkt sprechen. Die eigenen Argumente müssen dann letztendlich deutlich schwerer wiegen. Ein Beispiel: Ein Zuhörer bringt bei einer Präsentation einer Software folgenden Einwand:

»Ihre Software ist aber 5 Prozent teurer als die Ihres Konkurrenten.«

Der Präsentator antwortet mit der Waage-Technik:

»Einerseits ist die Erstinvestition tatsächlich minimal höher. Andererseits hat unsere Software-Suite die Vorteile, dass deren Bedienung deutlich intuitiver ist, die Software doppelt so schnell arbeitet und zudem auch noch eine permanente Back-up-Funktion integriert ist.«

Die unbestreitbaren Kontra-Argumente werden bei der Waage-Technik durch schwerwiegendere Pro-Argumente abwägend überkompensiert.

Die Einwand-Entkräftungs-Tabelle

Bei der Präsentation müssen Sie schnell entscheiden, ob Sie auf Einwände mit der Bumerang-Technik oder der Waage-Technik reagieren. Und bei der Waage-Technik brauchen Sie dann auch noch ein griffbereites Arsenal an Pro-Argumenten für Ihren Standpunkt. Damit Sie dies unter Zeitdruck nicht dem Zufall überlassen, sollten Sie eine Einwand-Entkräftungs-Tabelle entwerfen und pflegen. Das ist eine Tabelle, in der man alle Einwände sammelt, die man selbst (oder auch die Kollegen) zu einem Sachverhalt real bekommen hat oder potenziell bekommen könnte. Zu jedem einzelnen Einwand werden dann die bestmöglichen Einwand-Entkräftungen entwickelt und in einer Tabelle dokumentiert.

Mittels einer Einwand-Entkräftungs-Tabelle können Entkräftungen ganz ohne Zeitdruck und ganz stressfrei entwickelt werden. Dadurch sind Sie schon vorab für alle denkbaren Einwände gewappnet. Selbst ganz neue Einwände können Sie zukünftig auch nur ein einziges Mal unvorbereitet treffen.

Vor allem für Teams lohnt es sich, regelmäßig in Workshops eine Einwand-Entkräftungs-Tabelle zu pflegen und dadurch die Einwandbehandlung zu systematisieren und zu institutionalisieren. Wenn ein ganzes Team Einwand-Entkräftungen entwickelt, sind diese über die Synergie der Teammitglieder besonders hochwertig und konsistent. Außerdem werden die Entkräftungen dadurch zukünftig nicht mehr dem Geschick oder der Tagesform eines einzelnen Präsentators überlassen. Jeder Präsentator hat immer alle bestmöglichen Entkräftungen aus dem Kopf abrufbar parat, wenn er sich die Einwand-Entkräftungs-Tabelle regelmäßig durchliest. Dadurch kann der Präsentator zukünftig deutlich entspannter, sicherer und performanter vor seinen Zuhörern präsentieren.

 Beantworten Sie Fragen kompakt. Federn Sie Einwände sanft ab. Argumentieren Sie mit der Bumerang-Technik oder der Waage-Technik. Am besten mittels einer vorab vorbereiteten Einwand-Entkräftungs-Tabelle.

4.3 Die DOs und DON'Ts im Umgang mit Störungen und Angriffen

Wenn Teilnehmer im Rahmen Ihrer Präsentation stören, dann stören sie meist nicht böswillig oder gar wissentlich. Daher sollten Sie bewusst nicht konfrontativ auf diese zugehen, um unnötige Eskalationen zu vermeiden. Da den Störern ihr Stören oft gar nicht bewusst ist, sind sie meist sehr kooperativ.

Wohlwollende Störer sind beispielsweise Zuhörer, die hörbar E-Mails mit dem Handy abrufen oder sich murmelnd unterhalten. Wenn die Unruhe zu groß wird, sollten Sie die störenden Zuhörer mit dem Hinweis auf das Allgemeinwohl um Ruhe bitten. Führen Sie diese aber nicht vor den restlichen Zuhörern mit dem erhobenen Zeigefinger vor.

Besser nicht folgende konfrontative Formulierung:

»Herr Meier, können Sie bitte mit dem Handy-Spielen aufhören. Das stört mich und auch alle anderen.«

Hier eine weniger konfrontative Formulierung:

»Herr Meier, wahrscheinlich sind die E-Mails, die Sie gerade mit dem Handy abrufen, recht wichtig für Sie. Allerdings könnte uns das Geräusch beim Konzentrieren stören. Daher meine Bitte: Vielleicht reicht es Ihnen, wenn Sie in den Pausen die E-Mails abrufen.«

Man kann auch statt der offenen Ansprache den Störer in der Pause unter vier Augen ansprechen und auf das störende Verhalten hinweisen.

Bei aggressiven Angriffen cool bleiben

Es kann aber auch passieren, dass Sie von Zuhörern

aggressiv gestört oder gar angegriffen werden. Ein Zuhörer sagt beispielsweise:

»Sie sind erst 3 Monate im Unternehmen und bilden sich ein, hier schon mitreden zu können?«

Damit greift er Sie deutlich unter der Gürtellinie an. Lassen Sie sich hierbei vom Angreifer nicht dessen Niveau diktieren. Wenn er mit Kieselsteinen wirft, sollten Sie dies gerade nicht tun. Denn Sie als Präsentator haben von allen im Raum anwesenden Personen am meisten zu gewinnen – und auch am meisten zu verlieren. Lassen Sie sich nicht auf eine Schlammschlacht ein – auch wenn Sie das gerne täten. Antworten Sie also nicht folgendermaßen:

»Herr Meier, so viel Ahnung wie Sie habe ich allemal.«

Dadurch riskieren Sie eine weitere Eskalation. Zudem ist der Angreifer nur ein Medium – denn an der Art und Weise, wie Sie mit dem Angreifer umgehen, können Sie das restliche Publikum gewinnen oder verlieren. Insbesondere weil man schon geworfene Kieselsteine kaum zurückholen kann.

Auf der neutralen Sachebene agieren

Die Kunst ist es, bei kieselsteinigen Angriffen bewusst nur auf der Sachebene zu antworten, obwohl man kieselsteinig auf der Beziehungsebene angegriffen wurde. Dadurch wird die Beziehungsebene gar nicht erst zum kriegerischen Schlachtfeld.

Hier eine Antwort zum oben genannten Angriff:

»Ja, Herr Meier, das stimmt – 3 Monate sind einerseits sehr kurz –, allerdings habe ich auf der anderen Seite in meiner vorherigen Funktion eine identische Aufgabenstellung über mehrere Jahre ausgeführt. Zudem bin ich hier im neuen Team hervorragend integriert worden und stelle als dessen Repräsentant sowieso immer die Kompetenz des gesamten Teams dar. Daher habe ich insgesamt einen breiten Fundus, der die Grundlage von dem hier dargestellten Konzept ist.«

Diese Antwort ist annähernd kieselsteinfrei – wer will, kann allerdings immer einen Kieselstein raushören.

Das Grundprinzip lautet also: Lieber konstruktiv entschärfen statt aggressiv verschärfen. Und lieber eine Stufe zu sanft als eine Stufe zu hart an Angriffe rangehen.

Sich deutlich, aber sanft wehren

Manchmal kann es uns wichtig sein, dass wir Angriffe auch als solche thematisieren und uns dadurch auch in einem gewissen Sinne wehren. Ein Zuhörer ruft beispielsweise mehrfach Folgendes:

»Das ist ja völliger Blödsinn, was Sie uns da erzählen.«

Der Präsentator sollte diesen Angriff thematisieren – aber auch hierbei kieselsteinfrei, indem er sehr konstruktiv auf der Sachebene über die scheinbar problematische Beziehungsebene spricht:

»Herr Meier – ich denke, dass Ihre Einwürfe die Präsentation stören könnten. Wahrscheinlich haben Sie gegenüber meiner Präsentation oder mir als Person eine kritische Meinung. Ich bin mir sicher, dass wir darüber konstruktiv reden können und auch sollten. So ein klärendes Gespräch ist immer sinnvoll. Allerdings habe ich die Bitte, dass wir das einfach am Ende der Präsentation in aller Ruhe – und vielleicht sogar bei einem Glas Bier – machen sollten.«

Die Lösung ist die, dass wir sachlich dem Angreifer mitteilen, dass uns die momentane Interaktion nicht sinnvoll scheint. Wir intervenieren – aber ohne mit Kieselsteinen zu werfen.

Wenn sich beim Präsentieren auch einmal etwas schwierigere Situationen ergeben, können Ihnen folgende Gedanken helfen:

30

- *Thematisieren Sie kleine Pannen nicht gegenüber dem Publikum.*
- *Bereiten Sie schon vorab ein Pannen-Szenario vor.*
- *Verringern Sie Ihr Pannenrisiko, indem Sie sich vorab eine Präsentations-Loipe entwickeln.*
- *Beantworten Sie Fragen stets kompakt und bei Bedarf erst später oder nach der Präsentation.*
- *Federn Sie Einwände auf der Beziehungsebene mit dem Judo-Prinzip verständnisvoll und weich ab.*
- *Entkräften Sie die Einwände bestmöglich mit der umdeutenden Gerade-weil-Bumerang-Technik.*
- *Entkräften Sie Einwände mit der abwägenden Einerseits-andererseits-Waage-Technik.*
- *Wappnen Sie sich mit einer Einwand-Entkräftungs-Tabelle schon vorab inhaltlich für die erwartbaren Einwände.*

Fast Reader

1. Treten Sie ins Rampenlicht – Ihr Auftritt vor Publikum

Es lohnt sich, das Erfolgsregister »Erfolgreich präsentieren« zu ziehen. Nehmen Sie die Prominenz vor Publikum an – aber bleiben Sie dabei dennoch authentisch und kongruent.
Lampenfieber ist ein völlig normaler biologischer Prozess. Es gibt zahlreiche Methoden, um das Lampenfieber langfristig und auch kurzfristig einfach und deutlich zu reduzieren.
Trainieren Sie Ihre Stimme und Ihre Atmung. Das Sprechen sollte laut, deutlich, langsam, moduliert und ohne Weichmacher sein.

30 *Wenn Sie beim Präsentieren vor Publikum ins Rampenlicht treten, helfen Ihnen folgende Gedanken:*

- *Präsentieren ist ein Sprungbrett für Ihren Erfolg und Ihre Karriere, das Sie so oft wie möglich nutzen sollten.*
- *Nehmen Sie aktiv die Rolle der Prominenz ein, bleiben Sie dabei aber auch kongruent mit sich selbst.*
- *Verringern Sie Ihr Lampenfieber langfristig und kurzfristig.*
- *Trainieren Sie Ihre Atmung und Ihre Stimme.*
- *Sprechen Sie einfach, lebendig, bildhaft, laut, deutlich, langsam, moduliert, mit Pausen und frei von Weichmachern.*
- *Seien Sie sich der Wirkung der Körpersprache bewusst und setzen Sie Blickkontakt, Stand, Gestik und Kleidung gezielt ein.*

2. Schaffen Sie Struktur – die Dramaturgie von Präsentationen

Eine durchdachte Gliederung der Präsentation lässt deren Dramaturgie entstehen. Nutzen Sie diese Wirkkraft.

Mit der universellen Problem-Lösungs-Formel können Sie Ihre Zuhörer von Konzepten und Produkten überzeugen.

Mittels einer sinnvoll gestalteten Stichpunktkarte können Sie einfach und zuverlässig den roten Faden Ihrer Präsentation vorbereiten und halten.

Wenn Sie beim Präsentieren eine Struktur schaffen möchten, können Ihnen folgende Gedanken helfen:

- **Gliedern Sie Ihre Präsentation gemäß dem zuvor dargestellten Ablauf – dadurch wird diese verständlich und spannend.**
- **Nutzen Sie bei Überzeugungspräsentationen die Dramaturgie der Problem-Lösungs-Formel.**
- **Um den roten Faden zu halten, verwenden Sie am besten sinnvoll gestaltete Stichpunktkarten.**
- **Ergänzende Stichpunktkarten können auch bei einer Beamer-Präsentation sehr hilfreich sein.**

3. Lassen Sie Ihre Argumente zu Bildern werden – der Einsatz von Medien

Visualisieren bringt viele Vorteile und auch einige Herausforderungen mit sich. Visualisieren Sie schlicht, sinnvoll und mit System.

Bleiben Sie trotz Medien der Mittelpunkt der Präsentation und auch Ihrem Publikum zugewandt. Präsentieren muss nicht immer Hightech sein.

Wenn Sie beim Präsentieren durch den Einsatz von Visualisierungen Ihre Zuhörer zu Zuschauern werden lassen, können Ihnen folgende Gedanken helfen:

- **Lassen Sie Ihre Zuhörer zu Zuschauern werden und nutzen Sie bewusst die Vorteile des Visualisierens.**
- **Gestalten Sie Ihre Visualisierungen schlicht, systematisch und psychologisch.**
- **Bleiben Sie trotz Medien Ihrem Publikum zugewandt und die Hauptfigur.**
- **Nutzen Sie auch Lowtech-Medien.**
- **Bleiben Sie bei Beamer-Präsentationen flexibel mithilfe des Einsatzes von Hyperlinks und der spontanen Möglichkeiten Folienspringen, Folien-Einblenden und Datei-Öffnen.**
- **Fokussieren Sie bei Beamer-Präsentationen sinnvoll mittels Step-by-step-Animationen und Hotspots.**

4. Keine Angst, wenn es schwierig wird – das Meistern von kritischen Situationen

Mit einer Präsentations-Loipe und einem Pannen-Szenario können Sie Pannen reduzieren. Bleiben Sie im Fall einer Panne gelassen und gewinnen Sie Zeit.

Beantworten Sie Fragen kompakt. Federn Sie Einwände sanft ab. Argumentieren Sie mit der Bumerang-Technik oder der Waage-Technik. Am besten mittels einer vorab vorbereiteten Einwand-Entkräftungs-Tabelle.

30 **Wenn sich beim Präsentieren auch einmal etwas schwierigere Situationen ergeben, können Ihnen folgende Gedanken helfen:**

- **Thematisieren Sie kleine Pannen nicht gegenüber dem Publikum.**
- **Bereiten Sie schon vorab ein Pannen-Szenario vor.**
- **Verringern Sie Ihr Pannenrisiko, indem Sie vorab eine Präsentations-Loipe entwickeln.**
- **Beantworten Sie Fragen stets kompakt und bei Bedarf erst später oder nach der Präsentation.**
- **Federn Sie Einwände auf der Beziehungs-**

ebene mit dem Judo-Prinzip verständnisvoll und weich ab.

- *Entkräften Sie die Einwände bestmöglich mit der umdeutenden Gerade-weil-Bumerang-Technik.*
- *Entkräften Sie Einwände mit der abwägenden Einerseits-andererseits-Waage-Technik.*
- *Wappnen Sie sich mit einer Einwand-Entkräftungs-Tabelle schon vorab inhaltlich für die erwartbaren Einwände.*

Der Autor

Dipl.-Päd. Peter Mohr studierte Erwachsenen-Pädagogik (Andragogik) und absolvierte zusätzlich die Ausbildung zum Soft-Skills-Trainer. Er arbeitete bis 1995 als Offizier der Luftwaffe in Führungs- und Stabsfunktionen für das Bundesministerium für Verteidigung. Neben einer Tätigkeit als Lehrgangsleiter war er unter anderem auch als Leiter einer Personalabteilung und in der Öffentlichkeitsarbeit tätig.

Der Autor bietet seit 1995 als spezialisierter Fachtrainer ausschließlich Trainings und Coachings zum Themenbereich »Präsentation« an. Er hat für mehr als 200 Unternehmen aus allen Branchen schon mehr als 1000 Präsentationstrainings (bis zur Vorstandsebene) durchgeführt.

Wenn Sie weitere Fragen, Gedanken oder Erfahrungen zum Thema Präsentation haben, dann steht Ihnen Peter Mohr als Autor dieses Buches gerne weiterführend zur Verfügung.

Sie erreichen ihn unter folgender Website:

www.instatik.de

Weiterführende Literatur

- Mohr, Peter: Personale Rhetorik – Als Person vor Publikum stehen und bestehen. Norderstedt 2009

- Mohr, Peter: Präsentations-Dramaturgie – Präsentationen mit wirkungsvoller Story entwickeln. Norderstedt 2011

- Mohr, Peter: Optische Rhetorik – Visualisierungen und Medien in Präsentationen einsetzen. Norderstedt 2011

- Mohr, Peter: Dont Get Shot – Einwände und Angriffe vor Publikum souverän meistern. Norderstedt 2010

- Reynolds, Garr: ZEN oder die Kunst der Präsentation. München 2008

- Shipside, Steve: Erfolgreich präsentieren und überzeugen. Offenbach 2008

- Zelazny, Gene: Das Präsentationsbuch. Frankfurt/Main 2009

Register